新工科建设之路·计算机类专业系列教材

软件测试技术与实践

付朝晖　主　编

刘　广　宫蓉蓉　副主编

電子工業出版社

Publishing House of Electronics Industry

北京·BEIJING

内 容 简 介

软件测试作为软件工程中的重要一环，在软件质量保证中起着非常重要的作用。本书是一本软件测试入门书籍，不仅包括理论知识讲解，还将软件测试理论与实践充分结合，让大家掌握理论知识的同时又具备动手能力。本书共分为12章，第1～4章讲解功能业务相关知识，包括软件测试概念、流程，测试计划，测试用例设计，测试策略，软件测试总结和测试过程改进；第5～8章讲解自动化测试的相关知识，包括Selenium Web自动化测试、自动化测试模型、UnitTest单元自动化测试框架、QTP自动化测试；第9～11章讲解性能测试，包括性能测试概念、LoadRunner性能测试、JMeter性能测试；第12章为手机App测试，包括App常规测试、adb、monkey；附录中收录了常见面试题。

本书适合作为高等院校本、专科计算机相关专业的软件测试课程教材，也可作为软件测试技术的培训教材，同时也是一本适合广大IT行业爱好者的自学参考书。

图书在版编目（CIP）数据

软件测试技术与实践 / 付朝晖主编. —北京：电子工业出版社，2023.1
ISBN 978-7-121-44954-3

Ⅰ. ①软... Ⅱ. ①付... Ⅲ. ①软件－测试 Ⅳ. ①TP311.5

中国国家版本馆 CIP 数据核字（2023）第 015970 号

责任编辑：郝志恒
印　　刷：三河市兴达印务有限公司
装　　订：三河市兴达印务有限公司
出版发行：电子工业出版社
　　　　　北京市海淀区万寿路 173 信箱　　　　邮编：100036
开　　本：787×1092　1/16　　　印张：13.5　　　字数：345.6 千字
版　　次：2023 年 1 月第 1 版
印　　次：2024 年 1 月第 3 次印刷
定　　价：69.00 元

凡所购买电子工业出版社图书有缺损问题，请向购买书店调换。若书店售缺，请与本社发行部联系，联系及邮购电话：（010）88254888，88258888。
质量投诉请发邮件至 zlts@phei.com.cn，盗版侵权举报请发邮件至 dbqq@phei.com.cn。
本书咨询联系方式：QQ 1098545482。

前　　言

我们现在处于信息时代，市面上出现了各种各样的软件，涉及生活、工作、社会的方方面面软件已经渗透到人们工作、生活、学习、社交、娱乐的方方面面。但是软件的质量良莠不齐，为了检查软件的质量，出现了软件测试技术。该技术经历了 30 多年的发展，从最初的功能测试，到当前主流的自动化测试、性能测试、移动端测试等，测试技术越来越成熟，越来越规范。

对于想学习软件测试相关技术、进入软件测试行业的初学者而言，拥有一本能够将理论和实践紧密结合的图书，可以少走很多弯路。这也是参与本书编写的多位拥有十多年软件测试经验和职业培训经验的资深测试工程师不懈努力的初心；让更多的人了解软件测试，掌握软件测试相关技术，胜任软件测试工程师岗位。

软件测试作为软件工程中的重要一环，在软件质量保证中起到了非常重要的作用。本书是一本软件测试入门书籍，不仅包括理论知识讲解，还将软件测试理论与实践紧密结合，让大家在掌握理论知识的同时又具备动手能力。本书共分为 4 个部分：

第 1 部分：功能业务测试，包括软件测试概念、流程，测试计划，测试用例设计，测试策略，软件测试总结和测试过程改进；第 2 部分：自动化测试，包括自动化测试简介、Selenium Web 自动化测试、自动化测试模型、UnitTest 单元自动化测试框架、QTP 自动化测试；第 3 部分：性能测试，包括性能测试概念、LoadRunner 性能测试、JMeter 性能测试；第 4 部分：手机 App 测试，包括 App 常规测试、adb、monkey、App 性能测试。

本书系统全面地讲述了软件系统功能业务测试、自动化测试、性能测试、App 测试的方法、操作步骤及配套的案例。除此之外，还在书后附上了常用的面试题。本书以软件测试流程为主线，以软件测试技术为辅线，介绍了在实际的项目中如何全面、系统地进行软件测试工作。

本书主要有以下几个特点。

1. 系统性：系统讲解软件测试技术，不仅有细化的计划，还涉及测试管理，同时讲解了配套的测试文档编写；

2. 全面性：不仅讲解基础的技术，也讲解进阶的 UI 自动化测试、性能测试，还有最新的 App 测试技术；

3. 实用性：本书中讲解的都是企业最需要的软件测试技术，为企业培养直接可以上岗的软件测试人才；

4. 理论与实践结合：本书不仅有理论讲解，还有配套的实战案例，可以作为软件测试技术、软件测试实验、软件测试实训等相关软件测试课程的教材。

本书是企业与高校的产教联合、校企合作之产物。我们把企业最新的技术梳理成书引入到高校，为企业培养专业的技术人才。本书得到了湖南软测信息技术有限公司的大力支持，其团队成员刘广、方琳、刘庆军、罗曼、张绍宁、何鸣坤、苏海燕参与了本书相关章节的编写和完善，在这里特别表示感谢！

限于水平，书中难免存在疏漏与不妥之处，恳请广大读者指出，不胜感激！

作者

2022 年 9 月

目　　录

第 4 部分　移动端测试

第 1 部分　功能业务测试

第1章　软件测试基础

学习目标

- 了解软件生命周期
- 掌握软件开发模型
- 了解软件质量
- 掌握软件缺陷的概念、产生的原因及处理流程
- 了解什么是软件测试
- 了解软件测试的基本流程
- 了解软件测试与软件开发之间的关系
- 掌握软件测试的原则

目前，在我们日常生活和工作中，计算机软件已经成为了不可缺少的科技工具，我们每天都要与各种类型的软件打交道。软件与其他产品一样有质量要求，要保证软件产品的质量，除要求开发人员严格遵照软件开发规范之外，最重要的手段就是进行软件测试。本章将针对软件与软件测试的基础知识进行讲解。

1.1　软件概述

1.1.1　软件的定义

软件其实大家都不陌生，除能在工作和学习方面发挥重大作用外，还可以在闲暇之余给用户带来快乐，让用户体会到劳逸结合的乐趣。那么什么是软件呢？人们普遍认为，自己使用的程序，包括系统程序、应用程序或者用户自己编写的程序就是软件。软件不仅仅是程序，程序是一系列按照特定顺序组织的计算机数据和指令，而软件不仅包括程序，还包括程序所需要的数据以及相关的文档资料。

软件具有以下特点：

（1）软件是无形的，没有物理形态，只能通过运行状态和结果来判断软件的功能、特性及质量情况。

（2）软件开发是人脑力劳动的结果，人的逻辑思维、智能活动及开发者的技术水平是软件产品好坏的关键。

（3）软件在运行过程中不会出现类似硬件的老化磨损，但是软件开发技术在不断更新，

所以对软件也需要进行长期维护和持续更新。

（4）软件的开发和运行必须依赖于特定的计算机系统环境，对于硬件有依赖性，为了减少依赖，人们开发中提出了软件的可移植性。

（5）软件具有可复用性，软件开发出来很容易被复制，从而形成多个副本。

1.1.2　软件工程

在 20 世纪 60 年代，计算机软件的开发、维护和应用过程普遍出现了一些严重的问题，这些问题严重影响了软件产业的发展，制约着计算机的应用。1968 年在西德 Garmish 召开的国际软件工程会议上正式提出软件危机的概念：计算机软件的开发和维护过程所遇到的一系列严重问题。软件危机一般表现为：①开发出来的软件产品不能满足用户的需求；②对软件的开发成本和进度的估算很不准确；③软件产品的质量不可靠；④缺少一些软件文档，使得大型软件系统开发经常失败；⑤软件开发的效率不高，与计算机应用发展的速度不相匹配。为了解决软件危机，人们开始尝试用工程化的思想去指导软件开发，于是软件工程的概念被提出来了。

电气和电子工程协会（Institute of Electrical and Electronics Engineers，简称 IEEE）对软件工程的定义如下：①将系统化、严格约束的、可量化的方法应用于软件的开发、运行和维护过程，即将工程化的思想应用于软件；②软件工程是借鉴传统工程的原则、方法，以提高质量、降低成本为目的，指导计算机软件开发和维护的工程学科。从软件工程的概念我们可以看出，提升软件的质量成了核心内容，围绕如何提高软件质量，对软件开发过程、软件方法的研究成为了人们不断探索的课题。由此产生的软件测试工作在软件工程中一直占据着核心地位。下面我们以一个经典的软件开发模型——瀑布模型为例进行说明。

瀑布模型是 W.W.罗伊斯于 1970 年提出的软件开发模型，瀑布模型将软件开发过程分为6 个阶段：计划→需求分析→设计→编码→测试→运行维护，其过程如图 1-1 所示。

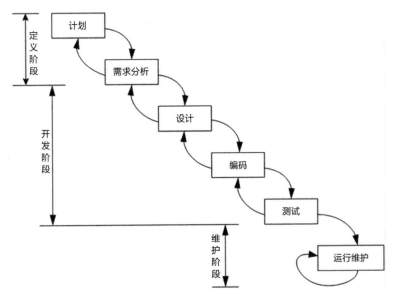

图 1-1　瀑布模型

在瀑布模型中，软件开发的各项活动严格按照这个过程进行，只有当一个阶段的任务完成之后才能开始下一个阶段。软件开发的每一个阶段都要有结果产出，结果经过审核验证之后作为下一个阶段的输入，下一个阶段才可以顺利进行。如果结果审核验证不通过，则需要返回修改。

在瀑布模型中，每一个阶段都有非常清晰的检查点，当一个阶段完成之后，只需要把全部精力放到后面的开发上即可，这种操作方式可以提高开发的效率。但是瀑布模型要求软件开发过程严格按照上面的线性方式进行，因此其缺点也是很明显的。

瀑布模型有以下缺点：

- 瀑布模型严格按照线性方式进行，依赖于早期进行的唯一一次需求调查，不能适应需求的变化；
- 由于是单一流程，开发中的经验教训不能反馈应用于本产品；
- 风险往往推迟至后期的开发阶段才显露，因而失去及早纠正的机会。

除此之外，对于现代软件开发来说，软件开发过程中各阶段之间的大部分过程已经不是线性的了，而且现在用户的需求变更也是非常频繁的，因此瀑布模型不再适合现代软件开发，已经被逐渐放弃。

随着软件工程的发展，在瀑布模型之后出现了许多其他的软件开发模型，比如快速原型模型、螺旋模型、增量开发模型、敏捷开发过程模型等，这些模型的不同之处主要集中在软件开发的各阶段之间的组织关系和执行顺序上，而软件开发过程中每个阶段的活动内容基本上没有太大的变化，软件测试活动作为核心活动之一，始终占据着比较重要的地位。

1.1.3 软件质量

在前面的内容中，我们提到过软件工程的目标是提高软件质量，然而在实际开发过程中定义软件质量是一件十分困难的事情。罗杰·普雷斯曼对软件质量的定义为：软件要满足显示的功能和性能需求，以及显示说明文档化的开发标准及专业人员开发的软件所应具有的所有隐含特性。

事实上，人们在现实的软件开发中，经常是采用 ISO/IEC 9126:1991 国际标准来评价一款软件的质量的。ISO/IEC 9126:1991 是最通用的评价软件质量的国际标准，它不仅对软件质量进行了定义，而且还制定了软件测试的规范流程，包括测试计划的编写、测试用例的设计等。ISO/IEC 9126:1991 标准由 6 个特性和 27 个子特性组成，如图 1-2 所示。

ISO/IEC 9126:1991 软件质量特性模型中的 6 个特性的具体含义如下：

（1）功能性：与功能及其指定性质有关的一组属性，这里的功能是满足明确或隐含的需求的那些功能。

（2）可靠性：在规定的一段时间和条件下，与软件维持其性能水平的能力有关的一组属性。

（3）易用性：由规定或潜在的用户为使用软件所需做的努力和所做的评价有关的一组属性。

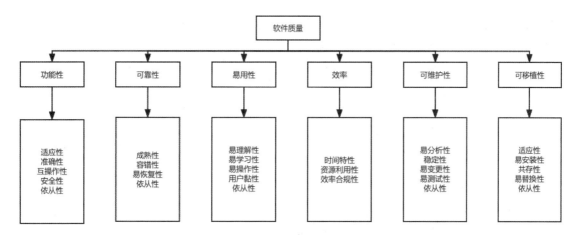

图 1-2　ISO/IEC 9126:1991 软件质量特性模型

（4）效率：与在规定条件下软件的性能水平和所使用资源量之间关系有关的一组属性。

（5）可维护性：与进行指定的修改所需的努力有关的一组属性。

（6）可移植性：与软件从一个环境转移到另一个环境的能力有关的一组属性。

实际的软件测试活动就是用这 6 个特性及其子特性来评价一个软件产品的质量的。

1.2　软件缺陷

在前面我们讨论软件工程和软件质量的时候，读者应该已经意识到在软件开发过程中会产生许多问题，习惯上我们称其为软件缺陷。本节我们将对软件的缺陷进行进一步说明，给出软件缺陷的定义及缺陷产生的原因，读者在学习时需要重点思考这些知识。

1.2.1　软件缺陷的定义

软件缺陷在软件开发过程中是一个高频词语，更多的时候习惯用 bug 替代。软件缺陷的含义十分广泛，有时候，软件缺陷是指在软件运行中因为不满足用户确定需求或者程序本身有错误而造成的功能不正常、死机、数据丢失、非正常中断等现象；有时候，某些程序错误会造成计算机安全隐患，此时软件缺陷叫作漏洞；有时候，人们也将软件的问题、错误、故障、失效、偏差等均称为软件缺陷。IEEE 729-1983 对软件缺陷有一个定义："从产品内部看，缺陷是软件产品开发或维护过程中存在的错误、毛病等各种问题；从产品外部看，缺陷是系统所需要实现的某种功能的失效或违背。"我国的国家标准 GB/T32422-2015 《软件工程 软件异常分类指南》对软件缺陷也进行了定义："工作产品中出现的瑕疵或缺点，导致软件产品无法满足用户需求或者规格说明，需要修复或替换。"

从上面罗列的软件缺陷的定义来看，各种词汇代表的含义还是有差异的。那么在实际的软件开发过程中，我们在认定软件缺陷的时候至少要满足下列 5 条规则之一。

一、软件未实现需求和规格要求的功能。

二、软件出现了需求和规格指明不该出现的错误。

三、软件实现了需求和规格未提及的功能。

四、软件未实现需求和规格未明确提及但应该实现的内容。

五、软件难以理解，不易使用，运行缓慢，或者从测试人员的角度看，最终用户（估计会）认为不好。

下面我们举一个语音通话功能的例子对以上 5 条规则进行说明，以方便读者理解。

语音通话产品的说明书声称它能够通过搜索联系人进行语音通话。如果软件测试人员在使用该语音通话功能时发现没有搜索联系人的功能，那么根据规则一，这就是一个缺陷；或者如果选择了联系人点击语音通话没有反应，那么根据规则一，这同样是一个缺陷。

产品说明书声称不间断地拨打和挂断语音通话不会出现死机或崩溃。如果测试人员连续拨打、挂断语音通话，该软件出现了崩溃的情况，那么根据规则二，这是一个缺陷。

假如该软件除语音通话功能外，还能进行视频通话。但是该产品说明书中并没有提到该功能，是开发人员觉得视频通话这一功能了不起就添加进来了。根据规则三，这也是一个软件缺陷。这些多加进来的功能虽然使软件的功能更加全面，但是会引起更多的缺陷。

规则会让人觉得很奇怪，其目的是要检查产品需求说明书上的遗漏之处。假设在测试语音通话功能时，出现了因对方正在通话而导致通话连接不成功的现象。而产品说明书上并没有说到这一点，假设双方都是空闲时间，而开发人员在开发完成后也没有处理这种现象，那么根据规则四，这也是缺陷。

规则中提到软件测试人员需要从最终用户的使用角度来对软件产品进行判定，如果软件测试人员发现某些地方不合适，那么用户在使用时也会觉得不合适，比如测试人员觉得在进行语音通话时显示的通话时间字体太小等，根据第五条规则，这也算是缺陷。

缺陷的表现形式非常多，根据以上 5 条规则可以让软件测试人员对遇到的缺陷进行更好的识别。

1.2.2　软件缺陷产生的原因

软件缺陷是如何产生的呢？软件是人设计开发出来的，通常还是团队合作的成果，基于个人在理解、思维和能力方面的局限性以及团队组织、沟通、工作规范化等方面的原因，加上技术因素，软件出现缺陷的概率很高。许多人以为软件的缺陷主要是在编码阶段产生的，然而令人感到吃惊的是，大多数软件的缺陷并非源自编程错误。软件在需求分析和设计阶段同样会引起缺陷，而且比例超过编码阶段，如图 1-3 所示。通过对大小项目的分析，发现在需求分析阶段引入的缺陷比例最高，通常超过 40%，在这个阶段缺陷的产生是因为产品需求说明书没有写

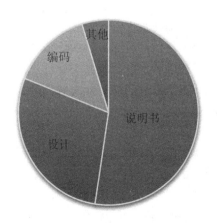

图 1-3　软件缺陷产生的原因

明、描述不够全面、经常变更或者整个开发团队没有很好地沟通。设计阶段带来的缺陷也在

30%以上，这个阶段是开发人员规划软件的过程，这个阶段产生软件缺陷的原因很有可能是开发人员对需求的理解过于随意、程序设计变更比较频繁，或者团队之间沟通不够充分等。而编码产生的缺陷低于 30%，因为这个阶段的缺陷很容易被开发人员发现，通常编码错误可以归咎于软件的复杂性、文档不足、项目进度压力或者一些低级错误。

1.2.3　软件缺陷的分类

一旦发现软件缺陷，那么绝大多数是要尽快修复的，但由于缺陷产生和发现的时机不同，因此对各个阶段缺陷的修复代码也有着巨大差异。一般而言，在软件工程活动中，缺陷从产生到发现的间隔时间越短，修复的代价就越小。软件工程活动中要努力做到缺陷早发现早排除。因此，我们可以对软件缺陷进行分类，这样一方面有助于确定缺陷产生的原因，帮助对软件过程进行改进，另一方面有利于软件的开发者、测试者、管理者、评价者以及使用者之间进行沟通和信息交换。

按照不同的标准，将缺陷划分如下。

1. 按照严重程度划分

（1）致命错误：如数据丢失、死机、系统崩溃。
（2）严重错误：如功能未完成、功能完成不正确。
（3）一般错误：如功能不完善、界面问题等。
（4）建议（轻微）：测试人员认为怎么处理会更好一些的问题。

2. 按照修改优先级划分

（1）立即修改。
（2）在本版本中修改。
（3）在产品发布前修改。
（4）在发布版本中可以存在的问题。

3. 按照缺陷类型划分

根据缺陷的类型不同，我们把软件缺陷分为：功能缺陷、压力/负载缺陷、界面缺陷、兼容缺陷、易用缺陷、安装/卸载缺陷、安全缺陷等。

4. 按照功能模块划分

根据发现缺陷的功能点和所属模块的不同，可以分为：功能模块 A、功能模块 B、功能模块 C 等。

缺陷的优先级和严重程度在不同的企业可能会因为业务场景差异有不同的定义，但是对软件缺陷的处理，均应该根据缺陷的严重程度和优先级进行。

1.2.4　软件缺陷的处理流程

在软件测试过程中，每个公司都定义了自己公司处理缺陷的流程，每个公司的流程会有

所差别，但是都要经过提交缺陷、分配缺陷、确认缺陷、处理缺陷、回归验证、关闭缺陷等
环节，如图1-4所示。

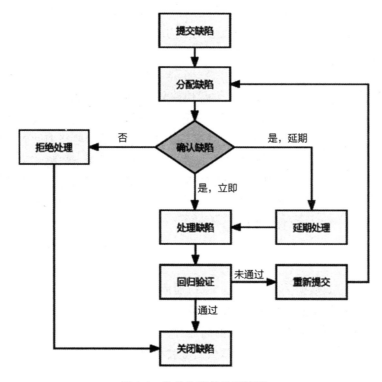

图1-4　软件缺陷的处理流程

关于图1-4中各个环节的具体说明如下。

（1）提交缺陷：测试人员发现缺陷之后，将缺陷提交给测试组长。

（2）分配缺陷：测试组长将收到的缺陷分配给开发人员。

（3）确认缺陷：开发人员收到缺陷后，对缺陷进行确认。

（4）拒绝处理/延期处理：如果开发人员确认是缺陷，则按照缺陷的严重程度和优先级
等选择立即处理或延期处理。如果经过确认发现不是缺陷，则会拒绝修改，关闭缺陷。

（5）处理缺陷：开发人员确认是缺陷后，对缺陷进行处理。

（6）回归验证：开发人员修改好缺陷后，测试人员进行回归验证（重新测试），检查缺
陷是否确实修改，如果缺陷未被修改，则重新提交缺陷。

（7）关闭缺陷：测试人员重新测试之后，如果缺陷已经被正确修改，则将缺陷关闭，
整个缺陷处理完成。

1.2.5　软件缺陷管理软件

在实际的软件测试工作中，测试人员在提交软件测试结果时会按照公司规定的模板将缺
陷的详细情况记录下来生成报告，提交给开发人员进行解决，也方便后期进行回归验证。每
个公司规定的模板并不相同，但是一般都会包含缺陷的编号、缺陷的类型、严重程度、优先
级、测试环境、重现步骤、期望结果和实际结果等。选择一个好的软件缺陷管理工具能有效

地加快软件项目的进度。缺陷管理工具有很多，免费的、收费的都有，下面介绍几个比较常用的软件缺陷管理工具。

1. 禅道

禅道是一款国产的开源项目管理软件，其专注研发项目管理，内置需求管理、任务管理、bug 管理、用例管理、计划发布等功能，实现了软件的完整生命周期管理。禅道分企业版、旗舰版、开源版等，企业版和旗舰版是收费软件，开源版是免费软件。

2. JIRA

JIRA 是 Atlassian（艾特莱森）公司出品的项目与事务跟踪工具，被广泛应用于缺陷跟踪、客户服务、需求收集、流程审批、任务跟踪、项目跟踪和敏捷管理等工作领域。JIRA 配置灵活、功能全面、部署简单、扩展丰富。JIRA 推出云服务和下载版，均提供 30 天的免费试用期。云服务无须安装可直接试用；下载版采用一键式评估安装，在用户自己的服务器上运行。

1.3　软件测试概述

1.3.1　软件测试的定义

在计算机诞生的初期，软件与硬件的依存度很高，并且软件的产出没有任何工程化的特征，对于软件中缺陷的发现和处理也没有规范化的方法和手段，这个时期没有清晰的软件测试的概念，人们会认为程序的调试就是软件测试活动。随着软件规模的增长、软件危机的爆发，于是出现了"软件工程"概念，人们希望以工程化的原则、规范、方法，在技术和工具的支持下进行软件开发，并保证软件的质量。在软件工程活动中，测试是必不可少且至关重要的环节。那么软件测试要解决什么问题呢？

1973 年，Bill Hetzel 给出了软件测试的第一个定义："软件测试就是为了程序能够按照预期设想运行而建立足够的信息。"这个定义强调的是证实程序按预期运行，当软件测试这种技术手段发现程序能够按预期运行时，建立信息的目的也就达到了。但是这个定义受到一些人的质疑，他们认为测试本身是有局限性的，即使测试通过也不证明软件是对的，而且测试的目的不应该是去证明软件正确。

1979 年，Glenford J. Myers 给出了软件测试的一个新定义："软件测试是为了发现错误而执行一个程序或系统的过程。"这个定义强调测试的目的是发现错误，软件测试应当竭尽所能去发现尽可能多的错误。

1983 年，IEEE 在软件工程术语标准中给出了软件测试的定义："使用人工或自动手段来运行或测试某个系统的过程，其目的在于检验它是否满足规定的需求，或是弄清预期结果与实际结果之间的差异。"这个定义强调了实际结果与预期结果的差异，作为国际组织发布的标准，它对软件测试活动产生了很大的影响，对软件测试的理论、方法、技术以及工具进步都有很大的促进作用。

不管哪个时间的定义，软件测试的目的都是一样的，这个目的就是"保证软件质量"，具体来讲就是要保证软件或系统符合相关的法律法规、技术标准和应用需求，降低软件的产品风险及应用风险。

1.3.2. 软件测试的流程

从软件测试的定义我们可以看到，软件测试是软件工程中一个非常重要的环节。对软件测试这个整体活动进行阶段性任务的划分，可使软件测试活动变得容易控制和管理。通常我们可以将软件测试的流程分为 5 个阶段，如图 1-5 所示。

图 1-5 软件测试的流程

图 1-5 中的每个阶段的任务介绍如下。

（1）需求阶段：测试人员在需求阶段要了解需求、对需求进行分解，得出测试需求，即对软件要测试的内容及范围进行确定，并且要对需求没有进行详细说明的情况与产品人员进行沟通。

（2）测试计划阶段：该阶段测试负责人要编写好测试计划、测试方案，早计划早受益。其他的测试人员要在该阶段对自己的测试任务及任务的时间节点等进行充分了解。在该阶段，还要对在项目组内部写好的测试计划进行讨论和评审，以便整个项目团队对测试活动有充分的了解，方便团队配合测试工作。

（3）测试设计和开发阶段：在该阶段测试人员适当地了解软件结构设计，对于设计测试用例是很有帮助的，测试人员可以根据需求和设计编写测试用例，或者开发测试脚本，编写自动化测试用例。

（4）测试执行阶段：该阶段是软件测试最为重要的阶段，这时候测试人员需要把测试用例进一步细化，根据测试用例和计划执行测试，在执行的过程中记录缺陷，并提交、跟踪、处理缺陷，直到关闭缺陷。

（5）测试评估总结：该阶段测试人员要编写测试总结报告，包括测试的覆盖率、测试过程是否规范、软件是否达到上线要求等内容。

1.4　软件测试分类

为了达到软件测试的目的，在软件工程中有许多测试活动，这些测试活动都会有自己具体的目标。我们可以从不同的角度对这些测试活动进行分类。

1.4.1　按照测试阶段分类

按照测试阶段可以将软件测试分为单元测试、集成测试、确认测试、系统测试与验收测试。这种分类方式与我们之前讲过的瀑布模型相契合，主要是为了检验软件开发各个阶段是否符合要求。

1. 单元测试

单元测试是最小单位测试，又称为模块测试。单元测试是在软件开发过程中要进行的最低级别的测试活动。在不同的编程语言中，单元可能表现为一个函数、过程或者类。单元测试主要是测试一个单元是否正确地实现了规定的功能、逻辑是否正确、输入输出是否正确，从而发现模块内部存在的各种错误。

单元测试的价值在于尽早发现程序中的错误，以降低错误修复的代价，同时为后续的测试活动提供一个比较好的开端。单元测试的依据是模块的详细设计文档，这些测试一般会由开发人员或者测试人员和开发人员共同完成。

2. 集成测试

集成测试是在单元测试的基础上将已经通过测试的单元模块按照设计要求组装成系统或子系统后再进行的测试。集成测试的目的是找出被测试系统组件之间接口中的错误，如接口参数不匹配、接口数据丢失、数据误差积累引起的错误等，目标是验证各个模块组装起来之后是否满足软件的设计要求。虽然集成的各个模块均已经通过单元测试，但在集成时可能会暴露大量的接口错误，以及一个模块可能会对另一个模块产生不利影响，从而造成集成失败。

3. 确认测试

确认测试也称为有效性测试，主要是由软件的开发方组织的。由集成测试进入系统测试之前，需要对软件是否可以进入系统测试进行评价，这个过程就是确认测试。确认测试需要做的工作包括有效性测试和软件配置审查。

4. 系统测试

系统测试是将通过确认测试的软件，作为基于整个计算机系统的一个元素，与计算机硬件、外设、某些支持软件、数据和人员等其他系统元素结合在一起，在实际运行环境下，对计算机系统进行全面的功能覆盖测试。系统测试的目标是确认软件的应用系统能按预期工作并满足应用的需求。系统测试不能由开发团队实施，只能由独立的测试团队、用户或第三方机构进行，否则不能达到系统测试的目的。

5. 验收测试

验收测试由最终用户或由用户委托的第三方机构在生产环境下对系统进行鉴定，确认系统能达到交付要求，这些要求可能最初是通过项目的招投标文件、合同或任务约定的。验收测试可以增加用户或非特定用户参与，如 Alpha 测试和 Beta 测试。

Alpha 测试（α 测试）是由用户在开发环境下进行的测试，也可以是公司内部的用户在模拟实际操作环境下进行的受控测试，Alpha 测试不能由开发人员或测试人员完成，可由其指导或辅助。

Beta 测试（β 测试）是软件的多个用户在一个或多个用户的实际使用环境下进行的测试。开发者通常不在测试现场，Beta 测试不能由开发人员或测试人员完成。

3 个主要测试类型对比如表 1-1 所示。

表 1-1　3 个主要测试类型对比

测试类型	对象	目的	测试依据	测试方法
单元测试	模块内部的程序错误	消除局部模块逻辑和功能上的错误和缺陷	模块逻辑设计、模块外部说明	大量采用白盒测试方法
集成测试	模块间的集成和调用关系	找出与软件设计相关的程序结构、模块调用关系、模块间接口方面的问题	程序结构设计	结合使用白盒与黑盒测试方法，较多采用黑盒方法构造测试用例
系统测试	整个系统，包括系统中的软硬件	对整个系统进行一系列的整体、有效性测试	系统结构设计、目标说明书、需求说明书	黑盒测试

1.4.2　按照是否执行代码分类

按照测试活动是否执行代码来进行分类，可以将测试分为动态测试和静态测试。

静态测试是不运行被测试程序本身而寻找程序代码中可能存在的错误或评估程序代码的过程。静态测试通过分析或者检查源程序的语法、结构、过程、接口等来检查程序的正确性，找出问题。静态测试需要对代码进行走查，即阅读代码并分析其是否存在错误。一般采用人工走查的方式，也可以利用静态分析工具对程序特性进行分析，以发现程序中的逻辑错误。

动态测试通过运行被测试程序，输入相应的测试数据，检查执行结果与预期结果的差异，判定执行结果是否符合要求，从而检验程序的正确性、可靠性和有效性，并分析系统运行效率和健壮性等性能。

1.4.3　按照是否关联代码分类

按照是否关联代码来进行分类，软件测试可以分为黑盒测试、白盒测试和灰盒测试，区别在于测试时测试人员是否知道软件是如何实现的，具体如下。

黑盒测试（Black-box Testing）又称为功能测试、数据驱动测试或者基于规格说明书的测试。黑盒测试是通过软件的外部表现行为进行测试的方法，它不关心程序的内部结构和如何实现，只关心程序的输入和输出，因此在这种测试方法中软件就像是被放入一个无法看见内容的黑盒子中。测试人员在测试时主要依据需求规格说明来设计测试用例，分析在特定的输入情况下预期的输出结果，然后获取软件的实际运行结果来判断程序是否存在错误。黑盒测试如图 1-6 所示。

白盒测试（White-box Testing）又称结构测试、逻辑驱动测试或基于程序本身的测试，是指测试人员开展测试时完全清楚被测试程序的内部结构、语句及工作过程，这个程序就像是放入一个完全打开的盒子中，可以被看清一切细节。当采用白盒测试方法时，测试人员将结合内部结构和工作逻辑设计测试用例，测试程序中的变量状态、逻辑结构及执行路径等，从而判定程序是否在按需求和设计的要求正常工作。白盒测试如图 1-7 所示。

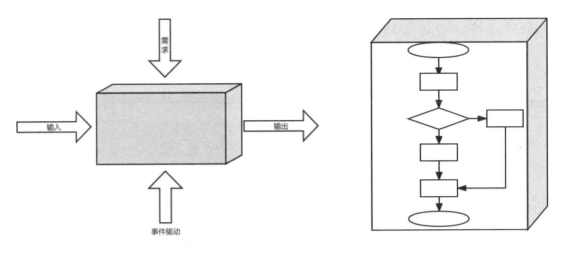

图 1-6　黑盒测试　　　　　　　　　　图 1-7　白盒测试

灰盒测试是介于黑盒测试与白盒测试之间的测试方法，既关注黑盒测试方法中的输入输出，也在一定程度上关注程序的内部情况，是黑盒测试和白盒测试的融合。灰盒测试会交叉使用白盒测试和黑盒测试的测试方法，较多地应用于软件的集成测试中。

1.4.4　按照软件质量特性分类

按照软件质量特性划分的测试是结合我们在前面提到的软件质量特性模型，来针对软件产品的这些特性或者子特性来开展测试的。在软件工程中形成了系统的功能测试、性能测试、易用性测试、界面测试、兼容性测试、安全性测试等，下面分别进行简单介绍。

1. 功能测试（Functional Testing）

功能测试是根据产品特征、操作描述和用户方案测试一个产品的特性和可操作行为，以确认它们能满足设计需求。

2. 性能测试（Performance Testing）

性能测试是在指定条件下使用时，测试软件的性能及效率满足需求的程度，包括时间特性、资源利用率和容量。性能测试包括负载测试、强度测试、数据库容量测试、基准测试等类型。

3. 易用性测试（Usability Testing）

易用性测试主要从使用的合理性和方便性等角度对软件系统进行检查，发现人为因素或使用上的问题。在保证足够详细的前提下，用户界面要便于使用，对输入的响应时间和响应方式合理，输出有意义，出错信息能够引导用户去解决问题，文档全面、描述恰当等。易用性测试多数情况下没有一个量化的指标，主观性较强。

4. 界面测试（User Interface Testing）

指测试用户界面的风格是否满足客户要求，文字是否正确，页面是否美观，文字、图片组合是否完美，操作是否友好等。

5. 兼容性测试（Compatibility Testing）

测试软件是否和系统的其他与之交互的元素兼容。

6. 安全性测试（Security Testing）

检查系统对非法侵入的防范能力，检查系统中已经存在的系统安全性、保密性措施是否发挥作用，有无漏洞。

1.4.5　其他分类

在进行软件测试分类时还有一些名词是测试活动中经常出现的，需要大家理解。

1. 冒烟测试（Smoke Testing）

冒烟测试的对象是每一个新编译的需要正式测试的软件版本，目的是确认软件基本功能正常，可以进行后续的正式测试工作。

2. 回归测试（Regression Testing）

在发生修改之后，重新测试以保证修改的正确性。理论上，对软件的任何新版本，都需要进行回归测试，验证以前发现和修复的错误是否在新版本上再现，并确认曾经通过的功能不会出现问题。

不论是开发过程中修复了所发现的缺陷，还是修改了设计，甚至需求发生变化，都需要开展回归测试。回归测试发生在软件有变动的情况下，如果这种变动是对缺陷的修复，回归测试首先要验证缺陷是否确实被正确修复了，然后测试因此缺陷修复而可能影响到的功能是否依然正确。如果软件的变动是增加了新的功能，那么回归测试除验证新功能的正确性之外还要测试可能受到影响的其他功能。

1.5　软件测试原则

为了提高软件测试的工作效率和质量，人们在工作时总结出了许多测试原则来指导软件测试工作，让测试人员以最少的人力、物力等尽早发现软件中存在的问题，测试人员应该在测试原则的指导下进行测试工作。下面我们对业界公认的测试原则进行介绍。

1. 尽早和不断地进行软件测试

尽早地测试，尽早地发现和解决问题，可以极大地降低成本，保证软件高效地开发；不断地进行测试，将测试活动贯穿整个开发过程，可以保证软件开发的质量。

2. 避免由开发人员测试自己的程序

软件测试需要站在客观的角度找出代码中隐藏的问题，而开发人员对于自己程序的检查总是带有片面性的，所以，软件测试应当由独立专业的测试人员进行。

3. 设计测试用例时，应当包含合理的输入条件和不合理的输入条件

软件测试不能只验证正常的情况，还应验证在异常的情况下软件能否正常反应。软件通过正常测试，只能说"能用"，只有当软件通过异常测试，才能说"好用"。

4. 充分注意测试中的集群现象

软件测试不能因为发现几个缺陷就沾沾自喜，要意识到可能还有更多的缺陷没有发现，需要重新设计测试用例或者增加新的测试用例。常年的测试经验告诉我们，软件 80%的缺陷会集中在 20%的模块中，缺陷并不是平均分布的。因此，在测试时要抓住主要矛盾，如果发现某些模块比其他模块具有更多的缺陷，则要投入更多的人力，集中精力重点测试这些模块以提高测试效率。

5. 严格执行测试计划，排除测试的随意性

软件测试应当制定测试计划，对测试环境、测试对象、测试方法、测试进度进行策划，依据计划执行测试。同时，我们也需要妥善保存测试计划、测试用例，以便在以后的测试工作中对工作量进行评估和统计。

6. 穷举测试是不可能的

由于时间和资源的限制，进行完全测试（所有的输入和输出组合的测试）是不可能的，测试人员在进行测试时要根据测试的风险和优先级等确定测试的关注点，从而控制测试的工作量及测试的成本。

1.6　软件测试模型

在软件工程的发展过程中，形成了许多开发过程模型，如瀑布模型、原型模型等，软件测试的模型通常是对应着开发模型演变的。本节介绍常用的软件测试模型：V 模型、W 模型、X 模型。

1. V 模型

V 模型最早是由 Paul Rook 在 20 世纪 80 年代后期提出的，目的是改进软件开发的效率和效果，是瀑布模型的变种。V 模型明确地标注了测试过程中的各种环节，并且清楚地描述了这些测试阶段和开发过程中各阶段的对应关系，如图 1-8 所示。

从 V 模型看出，单元和集成测试应检测程序的执行是否能满足软件设计的要求；系统测试应检测系统功能、性能的质量特性是否能达到系统要求的指标；验收测试确定软件的实现是否能满足用户需求或合同的要求。

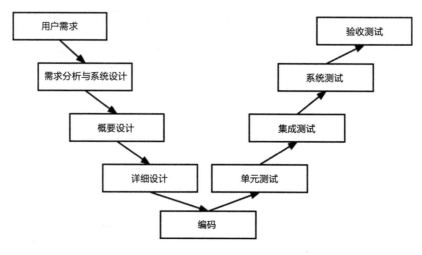

图 1-8　软件测试 V 模型

2. W 模型

V 模型存在比较大的局限性。它把测试标定为软件工程的一个阶段性活动，而且是编码结束之后才开始的活动，启动时间太晚，不符合尽早开始测试的原则。这个模型会让人误解测试在软件工程中的作用，而且会造成软件缺陷发现的延迟，越是早期活动引入的缺陷越是晚被发现，这将带来缺陷修复的巨大代价。

W 模型是对 V 模型的改进，增加了软件各开发阶段中应同步进行的验证和确认活动。W 模型由两个 V 字形模型组成，分别代表测试与开发过程，如图 1-9 所示。图 1-9 中明确标示出了测试与开发的并行关系。

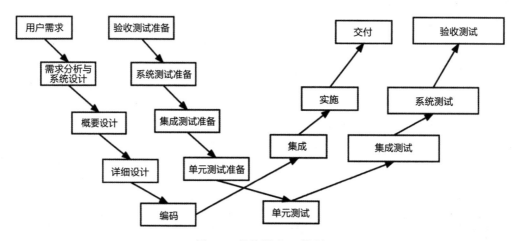

图 1-9　软件测试 W 模型

W 模型强调了测试的对象不仅是程序，需求、设计等同样要测试，测试与开发是同步进行的。这样的操作有利于尽早、全面地发现问题。例如，需求分析完成后，测试人员就应该参与到对需求的验证和确认活动中，以尽早地找出缺陷所在。同时，对需求的测试也有利于及时了解项目难度和测试风险，及早制定应对措施，显著减少总体测试时间，加快项目进度。

但是 W 模型也有一些局限性，在 W 模型中需求、设计、编码等活动被视为串行的。测试和开发活动也保持着一种线性的前后关系，上一阶段完全结束，才可正式开始下一个阶段工作。W 模型无法支持迭代的开发模型。对于当前软件开发复杂多变的情况，W 模型并不能消除测试管理面临着的困惑。

3. X 模型

X 模型左边描述的是针对单独程序片段所进行的相互分立的编码和测试，此后，将进行频繁的交接，通过集成最终合成可执行的程序。X 模型如图 1-10 所示，图中右下方还定位了探索性测试。这是不进行事先计划的特殊类项的测试，诸如"我这么测一下，结果会怎么样"，这种方式往往能帮助有经验的测试人员在测试计划之外发现更多的软件错误。

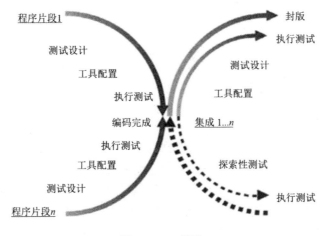

图 1-10　X 模型

4. 测试模型小结

任何模型都不是完美的，应该尽可能地应用模型中对项目有实用价值的方面，但不强行地为使用模型而使用模型。在实际工作中，我们要灵活地运用各种模型的优点。如在 W 模型的框架下，运用 X 模型的方法对程序片段不断地进行测试，运用自身的测试经验来发现程序可能会出现的问题，并同时将测试和开发紧密结合，最终保证按期实现预定目标。

1.7　测试计划

1.7.1　测试计划的概念

软件测试计划是一个规定了预先测试活动范围、途径、资源以及进度安排的文档。它确认了测试项、被测特征、测试任务、人员安排，以及任何偶发事件的风险。为了验证软件产品的可接受程度，可以编写测试计划文档。详细的测试计划文档可以帮助测试项目组之外的人了解为什么和怎样验证产品。

1.7.2 制定测试计划的好处

测试计划对于项目的推进是非常有好处的，主要体现在以下三个方面：

（1）项目经理、高层经理等相关领导能够根据测试计划做宏观调控，进行相应资源配置等。

（2）测试人员能够了解整个项目测试情况以及项目测试不同阶段所要进行的工作等。

（3）便于开发人员、市场人员、质量人员等了解测试人员的工作内容，进行相关配合工作。

1.7.3 测试计划制定人员

由具有丰富经验的项目测试负责人来制定测试计划，并且对整个测试过程负责。

1.7.4 测试计划的制定时间

测试计划的制定越早越好，以便可以对整个项目有总体的测试规划，同时可以预留出充足的时间以应对可能出现的风险。

1.7.5 测试计划的要素

测试计划不一定要尽善尽美，但一定要切合实际，要根据项目特点、公司实际情况来编制，不能脱离实际情况。测试计划要能从宏观上反映项目的测试任务、测试阶段、资源需求等，不一定要太详细。一般要从以下几个方面来编写测试计划。

- Why：为什么要进行这些测试，测试目的是什么。
- What：测试哪些方面，确定测试的内容。
- When：测试不同阶段的起止时间，确定各测试活动的时间。
- Where：相应文档及缺陷的存放位置，测试环境等。
- Who：谁来负责相应的工作。
- How：如何去做，使用哪些测试工具以及哪些测试方法、测试策略进行测试。

1.7.6 测试计划模板

根据上面提到的测试计划的内容，我们制定出公司写测试计划的模板。软件测试计划模板的主要内容如下。

①测试目的。

②测试项目简介。

③测试参考文档。

④测试提交文档。

⑤术语和定义。

⑥测试策略。

⑦测试内容。

⑧资源。

⑨测试进度。

⑩测试人员的任务分配。

⑪风险和问题。

1.7.7　测试计划维护与评审

测试计划制定后，并不是一成不变的。软件需求、软件开发、人员等都可能随时发生变化，测试计划也要根据实际情况的变化而不断进行调整，以满足实际测试要求。

1.7.8　软件风险

1. 软件风险管理的概念

软件风险（软件项目风险的简称）是指在软件开发过程中遇到的预算和进度等方面的问题以及这些问题对软件项目的影响。软件风险管理试图以一种可行的原则和实践，规范化地控制影响项目成功的风险。

2. 风险管理的重要性

有效的风险管理可以增加项目成功的机会，减少项目失败的概率。风险管理可以增加团队的稳固性。风险管理可以帮助项目经理抓住工作重点，将主要精力集中于重大风险，将工作方式从被动救火转变为主动防范。

3. 软件项目的风险

软件项目的风险主要来源于需求、技术、成本和进度。

（1）需求风险

已经纳入的需求在继续变更；需求定义不准确，进一步的定义会扩展项目范畴；增加额外的需求；产品定义含糊的部分比预期需要更多的时间；在设计需求时客户参与不够；缺少有效的需求变化管理过程。

（2）计划编制风险

计划、资源和产品定义全凭客户或上层领导口头指令，并且不完全一致；计划是优化的，是"最佳状态"，但计划不现实，只能算"期望状态"；计划依赖特定的小组成员，而那个特定的小组成员其实指望不上；产品规模（代码行数、功能点、与前一产品规模的百分比）比估计的要大；完成目标日期提前，但没有相应地调整产品范围或可用资源；涉足不熟悉的产品领域，花费在设计和实现上的时间比预期的要多。

（3）组织和管理风险

仅由管理层或市场人员进行技术决策，导致计划进展缓慢，计划时间延长；低效的项目组结构使生产率降低；管理层审查决策的周期比预期的时间长；预算削减，打乱项目计划；管理层做出了打击项目组织积极性的决定；缺乏必要的规范，导致工作失误与重复工作；非技术的第三方的工作（预算批准、设备采购批准、法律方面的审查、安全保证等）时间比预期延长。

（4）人员风险

作为先决条件的任务（如培训及其他项目）不能按时完成；开发人员和管理层之间关系不佳，导致决策缓慢，影响全局；缺乏激励措施，士气低下，降低了生产能力；某些人员需要更多的时间适应还不熟悉的软件工具和环境；项目后期加入新的开发人员，需进行培训并逐渐与现有成员沟通，从而使现有成员的工作效率降低；由于项目组成员之间发生冲突，导致沟通不畅、设计欠佳、接口出现错误和额外的重复工作；不适应工作的成员没有调离项目组，影响了项目组其他成员的积极性，没有找到项目急需的具有特定技能的人。

（5）开发环境风险

设施未及时到位，或设施虽到位，但不配套，如没有电话、网线、办公用品等；设施拥挤、杂乱或者破损；开发工具未及时到位；开发工具不如期望的那样有效，开发人员需要时间创建工作环境或者切换新的工具；新的开发工具的学习期比预期的长，内容繁多。

（6）客户风险

客户对于最后交付的产品不满意，要求重新设计和重做；客户的意见未被采纳，造成产品最终无法满足客户要求，因而必须重做；客户对规划、原型和规格的审核决策周期比预期的要长；客户没有或不能参与规划、原型和规格阶段的审核，导致需求不稳定和产品生产周期的变更；客户答复的时间（如回答或澄清与需求相关问题的时间）比预期长；客户提供的组件质量欠佳，导致额外的测试、设计和集成工作，以及额外的客户关系管理工作。

（7）产品风险

矫正质量低下的不可接受的产品，需要比预期更多的测试、设计和实现工作；开发额外的不需要的功能，影响了计划进度；严格要求与现有系统兼容，需要进行比预期更多的测试、设计和实现工作；要求与其他系统或不受本项目组控制的系统相连，导致无法预料的设计、实现和测试工作；在不熟悉或未经检验的软件和硬件环境中运行所产生的未预料到的问题；开发一种全新的模块，比预期花费更长的时间；依赖正在开发中的技术，影响计划进度。

（8）设计和实现风险

设计质量低下，导致重复设计；一些必要的功能无法使用现有的代码和库实现，开发人员必须使用新的库或者自行开发新的功能；代码和库质量低下，导致需要进行额外的测试，修正错误，或重新制作；过高估计了增强型工具对计划进度的节省量；分别开发的模块无法有效集成，需要重新设计或制作。

（9）过程风险

大量的纸面工作导致进程比预期的慢，前期的质量保证行为不真实，造成后期的重复工作；太不正规（缺乏对软件开发策略和标准的遵循），导致沟通不足，质量欠佳，甚至需重新开发；过于正规（教条地坚持软件开发策略和标准），导致过多耗时于无用的工作；向管理层撰写进程报告占用开发人员的时间比预期的多；风险管理粗心，导致未能发现重大的项目风险。

4. 风险管理

风险管理的主要操作步骤如下：

（1）风险管理计划制定。

（2）风险识别。

（3）风险定性分析。

（4）风险定量分析。

（5）风险应对计划制定。

（6）风险监控。

5. 风险识别

风险识别是风险管理的重要一步，也是风险管理的基础，主要内容包括：确定风险的来源、风险产生的条件，描述风险特征。

风险识别的主要方法：头脑风暴法、面谈、Delphi 问卷法、核对表、SWOT。

本章小结

本章对软件测试的基础知识进行了讲解，让大家初步了解软件测试行业的有关知识。首先介绍了软件相关的知识，包括软件的概念和软件工程的产生、软件开发过程模型、软件质量模型；然后介绍了缺陷的概念、缺陷产生的原因、缺陷的处理流程和缺陷管理工具等；接着讲解了什么是软件测试、软件测试分类、软件测试原则、软件测试模型等。本章的内容理论概念多且零碎，但是软件测试入门的必备知识，需要大家花较多的时间掌握，为后续章节的学习打下坚实基础。

第2章 测试用例设计

学习目标

* 掌握测试用例的基本概念及测试用例的内容
* 掌握等价类划分法
* 掌握边界值法
* 掌握正交实验设计法
* 了解因果图设计法

测试用例的设计和编制是软件测试活动中最重要的部分。测试用例是测试工作的指导，是软件测试必须遵守的准则，更是软件测试质量稳定的根本保障。本章将针对测试用例的基本概念及常用的测试用例设计方法进行详细说明。

2.1 测试用例介绍

确定测试用例之所以很重要，原因有以下几方面。

1. 指导测试的实施

在设计测试用例时要明确规定，实施测试时测试人员不能随意变动；实施测试时测试用例作为测试的标准，测试人员一定要严格按用例项目和测试步骤逐一实施测试，并把测试情况记录在测试用例管理软件中，以便生成测试结果文档。

2. 衡量测试的覆盖率

完成测试实施后需要对测试结果进行评估，并且编制测试报告。判断软件测试是否完成、衡量测试质量需要一些量化的结果，如所有的功能点是否覆盖、测试的合格率是多少等。采用测试用例作为度量会让测试基准更加准确、有效。

3. 测试数据的准备

在我们的实践中，测试数据是与测试用例分离的。按照测试用例配套准备一组或若干组测试原始数据，以及标准测试结果。尤其像测试报表之类数据集的正确性，按照测试用例规划准备测试数据是十分必要的。

4. 编写测试脚本的设计依据

为提高测试效率，软件测试已向自动化测试方向发展。自动化测试的中心任务是编写测试脚本，测试脚本的依据就是我们在项目测试过程中编写的测试用例。

5. 分析缺陷的标准

通过收集缺陷，对比测试用例和缺陷数据库，分析确定是漏测还是缺陷复现。如果是漏测，则反映了测试用例还不完善，应立即补充相应测试用例，最终达到逐步提高软件质量的目的。

为了解决以上问题，引入了测试用例的概念。

2.1.1　测试用例的概念

测试用例（Test Case）是为了实施测试而向被测试的系统提供的一组集合，这组集合包含测试环境、操作步骤、测试数据、预期结果等要素。

测试用例是对软件测试的行为活动做一个科学化的组织归纳，目的是将软件测试的行为转化成可管理的模式；同时测试用例也是将测试具体量化的方法之一，不同类别的软件，测试用例是不同的。

2.1.2　测试用例的设计原则

设计测试用例的最基本要求为：覆盖住所要测试的功能。这是再基本不过的要求了，但别看只是简单的一句话，要能够达到切实覆盖全面，需要对被测试产品功能进行全面了解、明确测试范围（特别是要明确哪些是不需要测试的），并具备基本的测试技术等。要使我们设计出来的测试用例符合以上要求，可以参考以下设计原则进行测试用例的设计：

1. 正确性。输入用户实际数据以验证系统是否满足需求规格说明书的要求；测试用例中的测试点应首先保证至少覆盖需求规格说明书中的各项功能。

2. 全面性。覆盖所有的需求功能项；设计的用例除对测试点本身的测试外，还需考虑用户实际使用情况、与其他部分关联使用情况、非正常情况（不合理、非法、越界以及极限输入数据）操作和环境设置等。

3. 连贯性。用例组织要有条理、主次分明，尤其体现在业务测试用例上；对于用例执行粒度，应尽量保持每个用例都有测试点，不能同时覆盖很多功能点，否则执行起来牵扯太多，所以每个用例间保持连贯性很重要。

4. 可判定性。测试执行结果的正确性应该是可判定的，每一个测试用例都有相应的期望结果。

5. 可操作性。测试用例中要写清楚测试的操作步骤，以及与不同的操作步骤相对应的测试结果。

2.1.3　测试用例的设计方法

在平时的软件测试过程中，主要用的测试用例设计方法有等价类划分法、边界值法、因果图设计法、正交实验设计法、场景法。

2.2 测试用例的设计方法

2.2.1 等价类划分法

等价类划分法是一种典型的黑盒测试方法。它把程序的输入域划分成若干部分（子集），然后从每个部分中选取少数具有代表性的数据作为测试用例。每一类的代表性数据在测试中的作用可以等价于这一类中的其他所有值，这就是"等价类"这个名字的由来。

等价类指的是输入域的某个子集，在该子集中，各个输入数据对于发现程序中的错误都是等效的，并且可以进一步合理假定：测试某个等价类的代表值就等于对这一类的其他值进行测试。

如果发现某一类中的一个数据出错，那么也会发现这一等价类中的其他数据也能出错；反之，如果发现某一类中的一个数据没有出错，则这一类中的其他数据也不会出错。这样我们就可以把全部的输入数据合理划分为若干个等价类，在每一个等价类中取一个数据作为测试的输入条件，从而解决不能穷举测试的问题。

1. 等价类的划分

等价类划分有两种不同的情况：有效等价类和无效等价类。

- 有效等价类：对于程序的规格说明书来说是由合理的、有意义的输入数据构成的集合，利用有效等价类可验证程序是否实现了规格说明书中所规定的功能和性能。
- 无效等价类：对于程序的规格说明书来说是由不合理的或无意义的输入数据所构成的集合。

设计测试用例时，要同时考虑这两种等价类。具体到项目中，无效等价类至少应有一个。因为软件不仅要能接收合理的数据，也要能经受各种意外的考验。这样的测试才能确保软件具有更高的可靠性。

2. 划分等价类的原则

常见的划分等价类的方式包括按区间划分、按数值划分、按数值集合划分、按限制条件或规划划分、按处理方式划分。

下面给出 6 条划分等价类的原则：

（1）在输入条件规定了取值范围或值的个数的情况下，可以确立一个有效等价类和两个无效等价类。

（2）在输入条件规定了输入值的集合或者规定了"必须如何"的条件的情况下，可以确立一个有效等价类和一个无效等价类。

（3）在输入条件是一个布尔值的情况下，可确定一个有效等价类和一个无效等价类。

（4）在规定了输入数据的一组值（假定 n 个），并且程序要对每一个输入值分别处理的情况下，可确立 n 个有效等价类和一个无效等价类。

（5）在规定了输入数据必须遵守的规则的情况下，可确立一个有效等价类（符合规则）

和若干个无效等价类（从不同角度违反规则）。

（6）在确知已划分的等价类中，各元素在程序处理中的方式不同的情况下，则应再将该等价类进一步划分为更小的等价类。

3. 建立等价类表

在确立了等价类后，可以建立等价类表，列出所有划分出的等价类。

下面介绍一个等价类表的典型例子，某城市电话号码由三部分组成，地区码：空白或 3 位数字；前缀：三位数字不能是以 0 和 1 开头；后缀：4 位数字。对应电话号码这一数据的等价类表可以设计为如表 2-1 所示的样子。

表 2-1　等价类表

输入条件	有效等价类	无效等价类
地区码	①　空白	②　有非数字字符
	③　3位数字	④　少于3位数字
		⑤　多于3位数字
前缀	⑥　200～999	⑦　有非数字字符
		⑧　起始位为 '0'
		⑨　起始位为 '1'
		⑩　少于3位数字
		⑪　多于3位数字
后缀	⑫　4位数字	⑬　有非数字字符
		⑭　少于4位数字
		⑮　多于4位数字

4. 确定测试用例

根据建立的等价类表，可以从划分出的等价类中按以下步骤确定测试用例：

（1）为每个等价类规定一个唯一的编号。

（2）设计一个新的测试用例，使其尽可能多地覆盖尚未覆盖的有效等价类。重复这一步，最后使得所有有效等价类均被测试用例所覆盖。

（3）设计一个新的测试用例，使其只覆盖一个无效等价类。重复这一步使所有无效等价类均被覆盖。

我们将继续用上一个电话号码的例子来演示测试用例的设计。经确认，所形成的有效等价类所对应的测试用例如表 2-2 所示，形成的无效等价类所对应的测试用例如表 2-3 所示。

表 2-2　有效等价类所对应的测试用例

序号	输入数据			期望结果	覆盖的有效等价类
	地区码	前缀	后缀		
1	空白	345	6789	输入有效	①、⑥、⑫
2	135	666	5678	输入有效	③、⑥、⑫

表 2-3　无效等价类所对应的测试用例

序号	输入数据			期望结果	覆盖的无效等价类
	地区码	前缀	后缀		
1	13A	201	6789	输入无效	②
2	13	201	6678	输入无效	④
3	1234	203	4432	输入无效	⑤
4	123	20B	1234	输入无效	⑦
5	124	012	2345	输入无效	⑧
6	125	123	1223	输入无效	⑨
7	127	12	1345	输入无效	⑩
8	129	1234	2345	输入无效	⑪
9	126	224	123D	输入无效	⑬
10	127	225	234	输入无效	⑭
11	138	226	45678	输入无效	⑮

上面的表格中列出了 2 个覆盖所有有效等价类的测试用例，以及 11 个覆盖所有无效等价类的测试用例。

请记住，划分等价类的目标是把可能的测试用例组合缩减到仍然足以满足软件测试需求为止。因为选择了不完全测试就要冒一定的风险，所以必须仔细选择分类。总之，只要审查等价类区间的人都认为其足以覆盖测试对象就可以了。

2.2.2　边界值法

长期的测试工作经验告诉我们：缺陷最容易发生在输入或者输出的边界上，而不是发生在输入区域内的任意一个值上。因此，针对各种边界情况设计测试用例，可以查出更多的错误。通常，边界值法作为对等价类划分法的补充，这种情况下，其测试用例来自等价类的边界。

边界值法与等价类划分法的区别如下：

（1）边界值法不是从某等价类中随便挑一个作为代表，而是使这个等价类的每个边界都作为测试条件。

（2）边界值法不仅要考虑输入条件，还要考虑输出空间等测试情况。

1. 边界值的获取

在使用边界值法设计测试用例时，首先应确定边界情况。通常，输入和输出等价类的边界，就是应着重测试的边界情况。应当选取正好等于、刚刚大于或刚刚小于边界的值作为测试数据，而不是选取等价类中的典型值或任意值作为测试数据。我们应该知道在边界值法中数据点是如何定义的。

- 上点：就是边界上的点，不管它是在开区间还是在闭区间中，就是说，如果该点是封闭的，那上点就在域范围内；如果该点是开放的，那上点就在域范围外。
- 内点：就是域范围内的任意一个点。
- 离点：就是离上点最近的一个点，如果边界是封闭的，那离点就是域范围外离上点最近的点；如果边界是开放的，那离点就是域范围内离上点最近的点。

在一般的情况下，如果输入条件规定了取值范围或值的个数，则在选取边界值时会选取上点和离点来进行边界值测试，当然也可以加入内点作为正常值进行测试。例如，输入条件规定的范围是 1~100 的闭区间，则可以取的上点为 1 和 100，离点为 0 和 101；输入条件规定的范围如果是 1~100 的开区间，则可以取的上点是 1 和 100，离点是 2 和 99。

2. 特殊的边界值

有一些边界在软件内部，最终用户可能看不到，但是软件测试仍有必要对其进行检查。这样的边界条件称为次边界条件或者内部边界条件。这些边界条件的选择虽然不要求测试人员有很强的代码阅读能力，但是对软件的工作方式还是要有了解的。比如软件中常用的 ASCII 码表和 2 的 N 次方就是比较常用的边界数据。

（1）ASCII 码表

ASCII 码是不同计算机在相互通信时要共同遵守的字符编码国际通行标准，它的原理是使用单字节对常见的文本字符进行编码。ASCII 码是从 0 开始连续排列下去的数字，每个数字对应一个字符。表 2-3 就是 ASCII 码表的部分内容。

表 2-4　ASCII 码表的部分内容

字符	ASCII码	字符	ASCII码	字符	ASCII码	字符	ASCII码
/	47	8	56	@	64	y	121
0	48	9	57	A	65	z	122
1	49	:	58	B	66	{	123

按以上表格的内容，如果有一个文本框只能输入字符 A~Z 和 a~z，那么有效边界值为 A、Z、a、z，无效的边界值是 ASCII 表中 A、a 的前一个字母，Z、z 的后一个字母。

（2）2 的 N 次方

计算机和软件的计数基础是二进制数，用位（bit）来表示 0 和 1 二种状态，一个字节（Byte）由 8 位组成，一个字（Word）由两个字节组成。表 2-4 中列出了常用的 2 的 N 次方表。

表 2-5　2 的 N 次方表

术语	取值范围	术语	取值	
位	0/1	1KB	=1024B	(2^{10})
字节	0至255（2^8-1）	1GB	=1024MB	(2^{30})
字	0至65535（$2^{16}-1$）	1TB	=1024GB	(2^{40})

表 2-5 中所列出来的取值和取值范围是作为边界条件的重要数据。这些数据一般在需求文档中是不会指明的，但在测试的时候需要考虑这些边界会不会产生软件缺陷。在划分等价类时，也要考虑是否要包含 2 的 N 次方边界条件。

例如，如果软件允许用户输入的数据为 1~300 的数字，那么明显可知的边界值是 1 和 300；如果要考虑的数据类型是计算机中的存储范围，则需要考虑 0、255 这样的值。

2.2.3 因果图法

因果图是一种简化了的逻辑图，能直观地表明输入条件和输出动作之间的因果关系。因果图法是从用自然语言书写的程序规格说明的描述中找出原因（输入条件）和结果（输出或者程序状态的改变）的方法。它是一种利用图解法分析输入的各种组合情况，从而设计测试用例的方法，它适合于检查程序输入条件的各种组合情况。因果图法最终生成的是判定表。

在因果图中，一般以左侧为原因（一般用字母 e 表示），右侧为结果（一般用字母 c 表示），表明原因与结果之间的基本关系，如表 2-6 所示。

表 2-6   因果图中的因果关系

符号名	图例	释义
恒等		若原因出现，则结果出现 若原因不出现，则结果也不出现
非		若原因出现，则结果不出现 若原因不出现，则结果出现
与		若几个原因都出现，结果才出现 若其中有1个或者更多原因不出现，则结果不出现
或		若几个原因中有1个或更多出现，则结果出现 若几个原因都不出现，则结果不出现
与非		若几个原因中有1个或更多不出现，则结果出现 若所有原因均出现，则结果不出现
或非		若所有原因都不出现，则结果出现 若几个原因中有1个或更多的出现，则结果不出现

在因果图中，原因与原因之间、结果与结果之间是有可能存在约束条件的。我们可以通过一些符号来表示约束条件，约束符号图例如图 2-1 所示，约束符号及说明如表 2-7 所示。

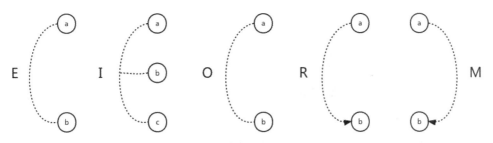

图 2-1　因果图的约束符号图例

表 2-7　因果图的约束符号及说明

约束符号	说明
E（互斥）	表示a、b两个原因不会同时为真，两个原因中最多有一个可能为真
I（包含）	表示a、b、c这3个原因中至少有一个必须成立
O（唯一）	表示a和b当中必须有一个且仅有一个成立
R（要求）	表示当a出现时，b也必须出现。a出现时不可能b不出现
M（强制）	表示当a是1时，强制要求b必须是0；而当a为0时，b的值不定

2.2.4　判定表

判定表是使用表格的形式展示输入条件和输出结果之间的对应关系。通过辅助因果图来为判定表设计用例，这样能使因果图中的每个逻辑条件展示得更加清晰明白，每一个逻辑条件组合值将被设计为一个测试用例。

1．判定表的组成

判定表通常由 5 个部分组成，如图 2-2 所示。

图 2-2　判定表

（1）规则：任何一组条件组合的特定取值及其相应要执行的操作，在判定表中贯穿条件项和动作项的一列就是一条规则，显然，判定表中列出多少组条件取值，就有多少条规则，即条件项和动作项有多少列。

（2）条件桩（Condition Stub）：列出了问题的所有条件，通常认为列出的条件的次序无关紧要。

（3）动作桩（Action Stub）：列出了问题规定可能采取的操作，这些操作的排列顺序没有约束。

（4）条件项（Condition Entry）：列出针对条件的取值，在所有可能情况下的真假值。

（5）动作项（Action Entry）：列出在条件项的各种取值情况下应该采取的动作。

2. 判定表的建立

判定表应该按如下步骤来建立：

（1）确定规则的条数。

（2）列出所有的条件桩和动作桩。

（3）填入条件项。

（4）填入动作项。制定初始判定表。

（5）简化。合并相似规则或者去掉相同的规则。

3. 用因果图法设计测试用例的步骤

利用因果图法设计测试用例需要经过以下几个步骤：

（1）分析软件规格说明描述中哪些是原因（即输入条件或输入条件的等价类），哪些是结果（即输出条件），并给每个原因和结果赋予一个标识符。

（2）分析软件规格说明描述中的语义，找出原因与结果之间、原因与原因之间的关系，根据这些关系，画出因果图。

（3）由于语法或环境限制，有些原因与原因之间、原因与结果之间的组合情况不可能出现，为表明这些特殊情况，在因果图上用一些记号标明约束或限制条件。

（4）把因果图转换为判定表。

（5）把判定表的每一列拿出来作为依据，设计测试用例。

我们以一个文件名修改功能为例，对其软件规格说明描述如下：文件名的第一个字符必须是 A 或 B，第二个字符必须是数字，满足则修改文件。若第一个字符不为 A 或 B，则打印错误信息 X12；若第二个字符不为数字，则打印错误信息 X13。

从软件的功能描述中我们可以得到的原因（e）有两个，e1：文件名的第一个字符必须是 A 或 B；e2：第二个字符必须是数字。为了画图方便，我们可以将原因 e1 拆解成两个原因——e11 和 e12，e11：文件名的第一个字符必须是 A；e12：文件名的第一个字符必须是 B。得到的结果有三个——c1、c2 和 c3，c1：修改文件；c2：打印错误信息 X12；c3：打印错误信息 X13。分析需求可画出如图 2-3 所示的因果图。

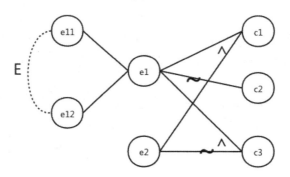

图 2-3　修改文件名的因果图

进一步将因果图转换为如表 2-8 所示的判定表。

表 2-8　修改文件名的判定表

条件桩		判定规则					
		1	2	3	4	5	6
条件桩	e11：文件名的第一个字符必须是A	T	F	F	F	T	F
	e12：文件名的第一个字符必须是B	F	T	F	F	F	T
	e1：文件名的第一个字符必须是A或B	T	T	F	F	F	F
	e2：第二个字符必须是数字	T	T	F	T	F	F
动作桩	c1：修改文件	T	T	F	F	F	F
	c2：打印错误信息X12	F	F	T	T	F	F
	c3：打印错误信息X13	F	F	F	F	T	T

根据表 2.8 所示的判定表可以把每一条规则都设计为一个测试用例，在此就不再详细说明了。

2.2.5　正交实验设计法

在实际的软件测试活动中，软件的功能描述往往是比较复杂的。利用因果图来设计测试用例时，有时很难从软件需求规格说明中得到作为输入条件的原因与输出结果之间的因果关系。有的因果关系很复杂，根据此因果图而得到的测试用例数目多得惊人，给软件测试带来沉重的负担，为了有效合理地减少测试的工时与费用，可利用正交实验设计法进行测试用例的设计。

1. 正交实验设计法概述

正交实验设计（Orthogonal Experimental Design）是：依据 Galois 理论，从大量的（实验）数据（测试）中挑选适量的、有代表性的点（例），从而合理地安排实验（测试）的一种科学实验设计方法。这些有代表性的点具备"整齐可比，均匀分散"的特点。正交实验设计法是基于正交表的一种高效率、快速、经济的实验设计方法。

日本著名的统计学家田口玄一将正交实验选择的水平组合列成表格，称为正交表。例如做一个三因子三水平的实验，按全面实验要求，需进行 $3^3=27$ 种组合的实验，且尚未考虑每一组合的重复数。若按 $L_{18}(3^7)$ 正交表安排实验需进行 18 次实验，而按 $L_9(3^3)$ 正交表安排实验，只需做 9 次，显然大大减少了工作量。因而，在很多领域的研究中，正交实验设计已经得到广泛应用。

正交实验设计法有几个关键要素，具体说明如下。

- 因子：也称为因素，是指影响实验指标的条件。
- 水平：是指影响实验因子的条件，叫因子的状态。

2. 正交实验设计法设计测试用例的步骤

（1）提取功能说明，构造因子-状态表。

根据实验需求进行分析，得到影响软件功能的因子，同时确定这些因子的取值。例如要生产化工产品，在生产过程中，受到温度、加碱量和催化剂的影响，选择的温度一般为80℃、

85℃、90℃，加碱量一般为35kg、48kg、55kg，催化剂的种类有甲、乙、丙3种。因此，我们可以得到此次化工产品实验中的因子有：温度、加碱量和催化剂。这三个因子的水平都为3。由此可以得到因子-状态表，如表2-9所示。

表2-9　生产化工产品的因子-状态表

因子	水平		
温度	80℃	85℃	90℃
加碱量	35kg	48kg	55kg
催化剂	甲	乙	丙

（2）加权筛选，生成因素分析表

在实际的测试活动中，软件的因子和因子的状态是比较多的，因此对因子与状态的选择可按其重要程度分别加权。可根据各个因子及状态的作用大小、出现频率的大小以及测试的需要，确定权值的人小。

（3）利用正交表构造测试数据集

与使用等价类划分法、边界值法、因果图法等相比，利用正交实验设计方法设计测试用例有以下优点：1)节省测试工作用时；2)可控制生成的测试用例数量；3)测试用例具有一定的覆盖率。

正交表的表现形式为 $L_{行数(n)}(水平数^{因子数})$

例如 $L_8(2^7)$ 表示实验的因子数为 7 个，每个因子的水平数为 2，总共进行 8 次实验。我们使用 0 和 1 来表示因子的水平，那么就可以得到如表 2-10 所示的正交表。

表2-10　正交表

	1	2	3	4	5	6	7
1	0	0	0	0	0	0	0
2	0	1	0	1	0	1	1
3	0	0	1	1	1	0	1
4	0	1	1	0	1	1	0
5	1	0	0	0	1	0	1
6	1	1	0	1	1	1	0
7	1	0	1	1	0	0	1
8	1	1	1	0	0	1	0

在该正交表中，行数表示实验的次数，列数表示因子数。表中的取值就是因子的状态（水平）的取值。

像 $L_8(2^7)$ 这样的正交表是比较好构建的，它的每个因子的水平都是 2，但是在实际的软件测试过程中，软件的因子可能会比较多，而且每个因子的水平值可能是不相同的。在这种情况下，构建正交表就比较复杂。我们可以用网上找的数据来查询正交表，如图2-4所示。

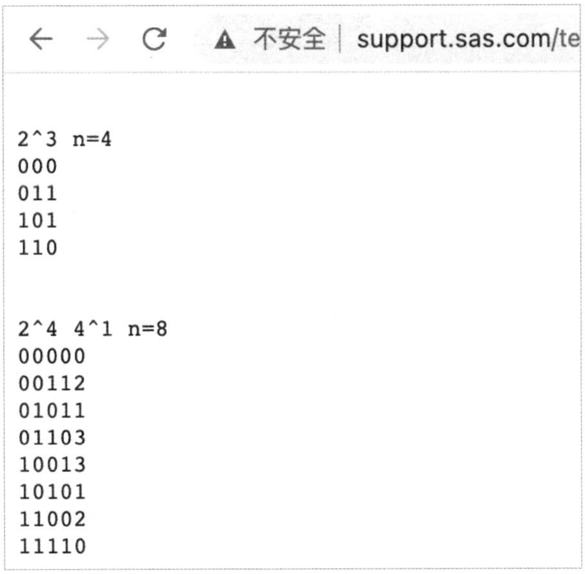

图 2-4 网站示例

通过观察可以发现正交表的特点是：整齐可比、均匀分散。

- 整齐可比：在同一张正交表中，每个因子的每个水平出现的次数是完全相同的。由于在实验中每个因子的每个水平与其他因子的每个水平参与实验的机率是完全相同的，这就保证在各个水平中最大限度地排除了其他因子水平的干扰。因而，能最有效地进行比较和做出展望，容易找到好的实验条件。
- 均匀分散：在同一张正交表中，任意两列（两个因子）的水平搭配（横向形成的数字对）是完全相同的。这样就保证了实验条件均衡地分散在因子水平的完全组合之中，因而具有很强的代表性，容易得到好的实验条件。

3. 正交实验设计法案例

现在我们使用 WPS 的打印功能来对正交实验设计法的使用进行举例说明，打印功能描述如下：①打印范围包括全部、当前幻灯片、给定范围共三种情况；②打印内容包括幻灯片、讲义、备注页、大纲视图共四种方式；③打印颜色/灰度包括颜色、灰度、黑白共三种设置；④打印效果包括幻灯片加框和幻灯片不加框两种方式。

从以上需求来看，我们得到以下因子-状态表，如表 2-11 所示。

表 2-11 打印功能因子-状态表

因子	水平			
打印范围	全部	当前幻灯片	给定范围	
打印内容	幻灯片	讲义	备注页	大纲视图
打印颜色/灰度	颜色	灰度	黑白	
打印效果	幻灯片加框	幻灯片不加框		

根据以上因子-状态表，可以选择的正交表 $L_{12}(2^1 3^2 4^1)$ 如表 2-12 所示。

表 2-12　正交表

	1	2	3	4
1	0	0	0	0
2	0	1	1	1
3	0	2	2	1
4	0	3	1	0
5	1	0	2	0
6	1	1	0	1
7	1	2	2	1
8	1	3	1	0
9	2	0	0	0
10	2	1	0	1
11	2	2	1	1
12	2	3	2	0

表 2-12 表示打印功能需要测试 12 次，可以将正交表和因子-状态表生成如表 2-13 所示的具体测试用例。

表 2-13　打印功能的测试用例

	打印范围	打印内容	打印颜色/灰度	打印效果
1	全部	幻灯片	颜色	幻灯片加框
2	全部	讲义	灰度	幻灯片不加框
3	全部	备注页	黑白	幻灯片不加框
4	全部	大纲视图	灰度	幻灯片加框
5	当前幻灯片	幻灯片	黑白	幻灯片加框
6	当前幻灯片	讲义	颜色	幻灯片不加框
7	当前幻灯片	备注页	黑白	幻灯片不加框
8	当前幻灯片	大纲视图	灰度	幻灯片加框
9	给定范围	幻灯片	颜色	幻灯片加框
10	给定范围	讲义	颜色	幻灯片不加框
11	给定范围	备注页	灰度	幻灯片不加框
12	给定范围	大纲视图	黑白	幻灯片加框

2.2.5　场景法

1. 场景法概述

现在的可视化软件几乎都是由事件触发来控制流程的，事件触发时的情景便形成了场景，而同一事件不同的触发顺序和处理结果形成事件流。这种在软件设计方面的思想也可被引入软件测试中，生动地描绘出事件触发时的情景，这些有利于测试设计者设计测试用例，同时测试用例也更容易地得到理解和执行。

场景法使用被测软件与用户或者其他系统之间的交互序列模型来测试被测试软件的使用流程。测试的场景分为基本场景和备选场景。

- 基本场景：是被测软件的预期典型动作序列，或无典型动作序列时所采取的任意操作，覆盖的是被测软件的基本流程。

- 备选场景：是表示被测软件可选择的场景。备选场景包括非正常的使用、极端或者异常的使用场景，覆盖的是被测软件的备选流程。

2. 场景法设计测试用例

我们使用某 IC 卡加油机应用系统来进行举例说明，加油卡在使用的时候需要对卡进行校验，验证完成后还需要对账户是否为黑名单进行判断，在此基础上用户可以输入加油的数量，加油完成后需要扣除卡内相应金额，最后退出 IC 加油卡。

基于以上需求，可以得到以下基本流 A 和备选流 B，如表 2-14 和表 2-15 所示。

表 2-14 基本流 A

序号	事件流程	描述
1	准备加油	客户将IC加油卡插入加油机
2	验证加油卡	加油机从加油卡的磁条中读取账户代码，并检查它是否属于可以使用的加油卡
3	验证黑名单	加油卡验证卡账户是否存在于黑名单中，如果属于黑名单，则吞掉加油卡
4	输入购油量	客户输入需要购买的汽油数量
5	加油	加油机完成加油操作，从加油卡中扣除相应金额
6	退出加油卡	退出加油卡

表 2-15 备选流 B

序号	事件流程	描述
B	加油卡无效	在基本流A2过程中，该卡不能够识别或是非本机可以使用的IC卡，加油机退卡，并退出基本流
C	卡账户属于黑名单	在基本流A3过程中，判断该卡账户属于黑名单，例如：已经挂失，加油卡吞卡退出基本流
D	加油卡账面金额不足	系统判断加油卡内现金不足，重新加入基本流A4，或选择退卡
E	加油机油量不足	系统判断加油机内油量不足，重新加入基本流A4，或选择退卡

场景中的每一个场景都需要确定测试用例，一般采用矩阵来确定和管理测试用例。本例中的测试用例包含测试用例 ID、场景，以及测试用例中涉及的所有数据元素和预期结果等项目。首先要确定执行用例场景所需的数据元素（本例包含账号、是否为黑名单卡、输入油量、账面金额、加油机油量），然后构建矩阵，最后确定场景所需的测试用例，如表 2-16 所示。在表 2-16 中，V 表示有效数据元素；I 表示无效数据元素；N/A 表示不适用。

表 2-16 场景法测试用例

用例ID	场景	账号	是否为黑名单卡	输入油量	账面金额	加油机油量	预期结果
1	场景1：加油成功	V	I	V	V	V	成功加油
2	场景2：卡无效	I	N/A	N/A	N/A	N/A	退卡
3	场景3：黑名单卡	V	V	N/A	N/A	N/A	吞卡
4	场景4：金额不足	V	I	V	I	V	提示错误，重新输入加油量
5	场景5：油量不足	V	I	V	V	I	提示错误，重新输入加油量

2.2.6 测试用例设计方法选择策略

测试用例的设计方法不是单独存在的，具体到每个测试项目里都会用到多种方法，不同类型的软件有各自的特点，每种测试用例设计的方法也有其自身的特点，针对不同的软件如何选择这些测试方法是非常重要的，在实际测试过程中，需要综合使用各种方法才能有效地提高测试效率和测试覆盖率。

以下是基于黑盒测试的各种测试用例设计方法的综合选择策略，可以供读者在实际应用过程中参考：

1. 首先采用等价类划分法对输入域进行划分，将无限测试变成有限测试，这是减少工作量和提高测试效率最有效的方法。
2. 在任何情况下都必须使用边界值法，经验表明，用这种方法设计出的测试用例发现程序错误的能力最强。
3. 如果程序的功能说明中含有输入条件组情况，则可以选择因果图判定表法来设计测试用例。
4. 对于参数配置类软件，可以使用正交实验法选择较少的用例来达到最佳的效果。
5. 对于业务清晰的系统，场景法可以贯穿整个测试过程，综合考察软件的主要业务流程、功能和错误处理能力。在场景法中可以再综合考虑运用等价类划分、边界值法等方法进行进一步的设计。

2.3 测试用例编写

测试用例在编写时可以采取测试组织所自行定义的任何适合的格式和工具来进行，便于记录测试用例的全部内容要素。一般的测试组织会使用一般的表格文档或者思维导图工具来编写，如 Excel，或者使用用例管理工具，如 testlink。以下表格是一个模板实例，如图 2-5 所示。

项目名称			程序版本	
功能特性				
预置条件				
测试环境				
参考信息			特殊规程	
设计人			设计时间	
功能模块	用例编号	操作步骤/测试数据	预期结果	实际结果/判定

图 2-5　模板实例

本章小结

本章主要讲解怎么设计测试用例，通过讲解测试用例的概念、优缺点、模板，让大家初步了解测试用例的设计。然后通过等价类划分法、边界值法、因果图法、正交实验设计法、场景法等训练测试用例的编写，应对各种控件或业务的测试需要。测试用例的设计是整个软件测试岗位的核心，请大家一定要多编写、多训练，尽快掌握。

课后习题

1. 测试用例有哪些要素？
2. 等价类设计用例方法的操作步骤有哪些？
3. 请问正交表用例设计方法在什么场合使用？有什么作用？
4. 使用场景法，设计美团外卖的场景图。
5. 请问原因与结果之间存在哪些关系？并举例说明。
6. 一个登录页面包括手机号码输入框、密码输入框、登录按钮，请设计测试用例。

第 3 章　测试策略

学习目标

- 掌握兼容性测试
- 掌握易用性测试
- 掌握 Web 测试
- 掌握数据库测试

软件测试策略是指从多个方面来测试一款软件，包括控件测试、界面测试、兼容性测试、安装/卸载测试、易用性测试、文档测试、Web 测试、数据库测试等。本章主要是从兼容性测试、易用性测试、Web 测试以及数据库测试四大方面来讲解测试策略。

3.1　兼容性测试

3.1.1　兼容性测试概念

兼容性主要是指协调性，包括硬件协调性和软件协调性。硬件协调性是指计算机 CPU、显卡、其他各部件等组装到一起以后的情况，会不会相互影响，不能很好地运作。软件协调性是指软件之间能否很好地运行，会不会相互影响、软件和硬件之间能否协调工作，会不会导致系统崩溃。

3.1.2　兼容性测试与配置测试

配置测试的目的是保证软件在其相关的硬件上能够正常运行，而兼容性测试主要是测试软件能否与不同的软件正确协作。

配置测试的核心内容就是使用各种硬件来测试软件的运行情况，一般包括：

（1）软件在不同配置的主机上的运行情况；

（2）软件在不同的组件上的运行情况，例如，对于开发的拨号程序要测试在不同厂商的 Modem 上的运行情况；

（3）在不同的外设上的运行情况，例如指纹打卡机、打印机；

（4）在不同的硬件接口上的运行情况；

（5）在不同的可选项上的运行情况，例如安装游戏，选择内存大小不同的主机。

3.1.3　兼容性测试验证点

为了很好地测试兼容性，我们可以从下面 5 个方面开展兼容性测试，如表 3-1 所示。

表 3-1　兼容性测试验证点

兼容性分类	验证点
平台测试	测试软件是否能在不同的操作系统平台上兼容
	测试软件是否能在同一操作平台的不同版本上兼容
浏览器测试	主要是测试Web端与浏览器各种内核之间的兼容性问题
软件本身能否向前或者向后兼容	是否能兼容不同版本的数据
测试软件能否与其他相关的软件兼容	测试与其他相关软件能否共存
	观察争夺CPU、内存、端口等情况
数据兼容性测试	测试不同的数据库之间的数据迁移问题
	测试不同版本程序数据文件之间的兼容性
	测试同一数据库在不同版本的软件上是否能够迁移

3.2　易用性测试

3.2.1　易用性测试的基本概念

易用性（Useability）是交互的适应性、功能性和有效性的集中体现。易用性属于人体工程学的范畴，人体工程学是一门实用性很强的学科。

3.2.2　易用性分类

易用性测试包括针对应用程序的测试，同时还包括对用户手册、系统文档的测试。通常采用质量外部模型来评价易用性。一般包括如表 3-2 所示方面的测试。

表 3-2　易用性分类

易用性分类	内容
易理解性	易理解性是指用户认识软件的结构、功能、向导、逻辑、概念、应用范围、接口等的难易程度。该特性更多是指文档内容易于理解，所有文档语言简练，内容应该与产品实际情况相一致，且所有文档中的语句无歧义。
易学习性	易学习性是指用户使用软件或产品的容易程度（运行控制、输入、输出）。对于易学习性有两个方面的约束：一是所有与用户有关的文档内容都应该详细、结构清晰、语言准确；二是软件或产品本身易学，菜单选项能很容易找到，一般菜单不要超过三级，各图标含义明确、简单易懂，操作步骤向导解释清楚、易懂。产品本身具有很好的引导性，即一个软件，客户不用看说明书都能正确地使用，就像买了手机后，很少有人去看说明书，而直接就能使用。

易用性分类	内容
易操作性	易操作性是指用户操作、运行、控制产品的难易程度。易操作性要求人机界面友好、界面设计科学合理、操作简单等。易操作的软件让用户可以直接根据窗口提示进行操作，无须过多地参考使用说明书以及参加培训。各项功能流程设计直接明了，尽量在一个窗口完成一套操作。在一个业务功能中可以关联了解其相关的业务数据，具有层次感。合理的默认值和可选项的预先设定，能避免过多的手工操作。
吸引性	吸引性是指用户第一次接触产品时，对产品的喜爱程度。而客户对产品的喜爱程度直接影响到客户购买产品的动机。吸引性主要表现为产品的外观或软件的界面设计方面，一个拥有良好外观和界面设计的产品，显然能更好地吸引客户的眼球。
依从性	依从性是指软件产品依附于同易用性有关的标准、约定、风格指南或规定的能力。在产品设计过程中，产品的依从性应该遵守国家有关的标准。

3.2.3　优秀的 UI 应具备的要素

我们操作的控件、按钮都在界面上，所有 UI 界面易用性的测试是我们测试的重点，优秀的 UI 应具备如表 3-3 所示的这些要素。

表 3-3　优秀的 UI 应具备的要素

分类	内容
符合标准和规范	用户界面要素要符合软件现行的标准和规范
直观	用户界面洁净
	UI的组织和布局合理
	没有多余功能
一致	各界面快捷键和菜单选项一致
	术语、命名统一规范
	通用的按钮的位置一致，例如"确定""取消"按钮的位置一致
灵活	可以选择多种视图
	工具栏可以调整
	状态可以终止和跳过
	数据可输入，例如：日期控件可选，也可直接输入日期
舒适	软件使用起来应该舒适，不能给用户工作制造障碍和困难
正确	验证功能是否能实现，业务流程是否正确
实用	是否实用是优秀用户界面的最后一个要素

3.2.4　易用性测试与 UI 测试

UI 测试（又称"用户界面测试"）：用于与软件交互的操作界面称为用户界面或 UI。是软件面向用户的主大门，直接影响到用户对软件系统的印象及后期的使用等。但是，对其的测试仅仅是易用性测试的其中一个方面。

要对问题仔细分析，在分析的时候会避免将所有的问题都归结于易用性问题。

3.2.5　易用性测试验证点

开展软件的易用性测试时，不仅要对各个功能是否易于完成、软件界面是否友好等方面进行测试，还要从控件、菜单、快捷键等方面开展测试。对于易用性测试可参考如表 3-4 所示的验证点。

表 3-4　易用性测试验证点

易用性类型	验证点
控件操作	控件名称应该易懂，用词准确，无歧义 常用按钮支持快捷方式 完成同一功能的元素放在一起 界面上重要信息放在前面 支持回车 界面空间小时使用下拉列表框而不使用单选框 专业性软件使用专业术语 对可能造成等待时间较长的操作应该提供取消功能 对用户可能带来破坏性的操作有返回到上一步的机会 根据需要自动过滤空格
菜单操作	菜单项前面的图标能直观地代表要完成的操作 菜单按使用频率和重要性排序，常用的和重要的放前面 主菜单的宽度要接近
快捷键	快捷键参考微软标准
联机帮助	提供联机帮助 提供多种格式的帮助文件 提供软件的技术支持方式

3.3　Web 测试

Web 测试，即 Web 网站的测试，是整个软件测试的核心内容。我们将从功能测试、性能测试、界面测试、兼容性测试、安全测试等方面来开展 Web 测试。

3.3.1　功能测试

功能测试，主要是验证功能是否可用，常用的功能测试包括链接测试、表单测试、Cookie 测试、设计语言测试和数据库测试。

1. 链接测试

大家如果了解 Web 网页的话，或者学习过 HTML 语言的话，都知道 Web 网页中存在大量的页面跳转，所以链接测试是我们最先需要完成的测试。链接测试主要从下面 3 个方面开展。

（1）链接正确：测试所有链接是否按指示的那样确实链接到了该链接的页面。

（2）无空链接：测试所链接的页面是否存在。

（3）没有孤立的页面：孤立页面是指没有链接指向该页面，只有知道正确的 URL 地址才能访问。

（1）链接测试方法

（1）链接测试执行的时间一般在集成测试阶段，即在整个 Web 应用系统的所有页面开发完成后进行链接测试。

（2）链接测试可以运行手工测试；也可以通过自动化测试工具测试。

（3）手工测试方法：单击任何一个可能有链接的地方，看页面和链接是否对应，看是否有空链接，看是否存在孤立的页面。

（2）主流的链接测试工具

①Xenu Link Sleuth

②HTML Link Validator

③ACT

④Rational Sitecheck

⑤Rational Linkbot

2. 表单测试

在讲解表单测试之前，我们先认识一下什么是表单。打开"新梦想博客"，然后单击"注册"按钮，在注册页面不输入任何内容，直接单击"注册"按钮，出现如图 3-1 所示的界面。

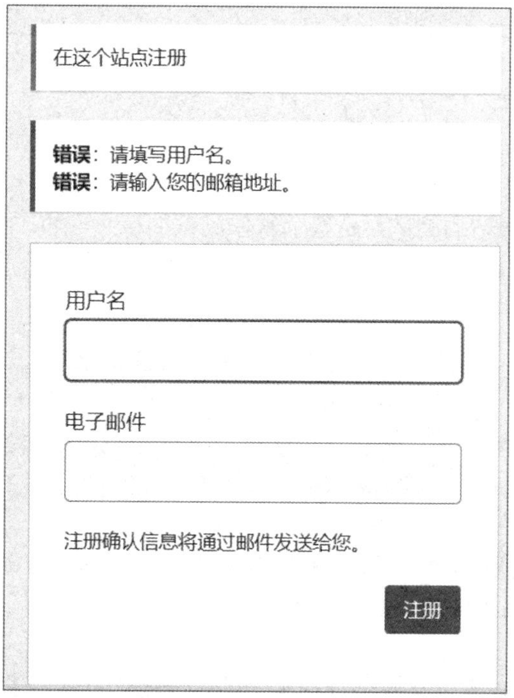

图 3-1 注册页面表单

当用户给 Web 应用系统管理员提交信息时，就需要使用表单操作。这时必须测试提交操作的完整性，以校验提交给服务器信息的正确性。

3. Cookie 测试

Cookie 通常用来存储用户信息和用户在某应用系统的操作，当一个用户使用 Cookie 访问了某一个应用系统时，Web 服务器将发送关于该用户的信息，把该信息以 Cookie 的形式存储在客户端计算机上，这可用来创建动态和自定义页面或者存储登录等信息。

测试的内容包括 Cookie 是否起作用，是否按预定的时间进行保存，刷新操作对 Cookie 有什么影响等。

4. 设计语言测试

测试语言主要有 Java、JavaScript、ActiveX 或 Perl 等。

测试方法：使用不同语言或脚本实现同一功能，观察功能结果的差别。

5. 数据库测试

数据一致性错误：主要是由于用户提交的表单信息不正确而造成的。

输出错误：主要是由网络速度或程序设计问题等引起的。

针对这两种情况，可分别进行测试。

3.3.2　性能测试

1. 连接速度测试

连接速度的测试，主要是从登入链接时间、页面刷新时间等方向来开展的。主要测试内容如下：

① 用户连接到 Web 应用系统的速度根据上网方式的变化而变化，包括电话拨号和宽带上网。

②如果 Web 系统响应时间太长（例如超过 5 秒钟），用户就会因没有耐心等待而离开。

③有些页面有超时的限制，如果响应速度太慢，用户可能还没来得及浏览内容，就需要重新登录了。

④连接速度太慢，还可能引起数据丢失，使用户得不到真实的页面。

2. 负载测试

负载测试（Load Testing）就是通过测试系统在资源超负荷情况下的表现，以发现设计上的错误或验证系统的负载能力。在这种测试中，将使测试对象承担不同的工作量，以评测和评估测试对象在不同的工作量条件下的性能，以及持续正常运行的能力。负载测试的目标是确保系统在超出最大预期工作量的情况下仍能正常运行。此外，负载测试还要评估性能特性。例如，响应时间、事务处理速度和其他与时间相关的方面。

负载测试是模拟实际软件系统所承受的负载条件的系统负荷，通过不断加载（如逐渐增加模拟用户的数量）或其他加载方式来观察不同负载下系统的响应时间和数据吞吐量、系统占用的资源（如 CPU、内存）等，以检验系统的行为和特性，发现系统可能存在的性能瓶颈、内存泄漏、不能实时同步等问题。负载测试更多地体现了一种方式或一种技术。

3. 压力测试

压力测试是在强负载（大数据量、大量并发用户等）下的测试，查看应用系统在峰值使用情况下的操作行为，从而有效地发现系统的某项功能隐患、系统是否具有良好的容错能力和可恢复能力。

压力测试分为高负载下的长时间（如 24 小时以上）的稳定性压力测试和极限负载情况下导致系统崩溃的破坏性压力测试。

压力测试可以被看作是负载测试的一种，即高负载下的负载测试，或者说压力测试采用的是负载测试技术。通过压力测试，可以更快地发现内存泄漏问题，还可以更快地发现影响系统稳定性的问题。例如，在正常负载情况下，某些功能不能正常使用或者系统出错的概率比较低，可能一个月只出现一次，但在高负载（压力测试）下，可能一天就会出现，从而发现有缺陷的功能或其他系统问题。

压力测试用于确定一个系统的性能瓶颈，来获得系统能提供的最大服务级别。通俗地讲，压力测试是发现在什么条件下系统的性能变成不可接受的情况。例如：

- 业务执行成功率。
- 业务执行吞吐量。
- 业务执行响应时间。
- 系统运行可靠性。

3.3.3　界面测试

用户与 Web 网站应用交互时，会与一种或多种界面机制发生交互，这里对每一种界面机制在测试时需要考虑的内容进行简要的介绍。

1. 导航测试

能方便快捷地访问到用户需要的信息，在任何页面上都可以清楚地知道页面所处 Web 应用系统中的位置；页面逻辑结构清晰，层次分明，容易返回上一状态或主页面。

2. 图形测试

图形测试主要包括以下几点：
①确保图形有明确的用途。
②图形是否能正常显示。
③图形下载速度是否缓慢。
④放置重要信息的图片是否存在丢失问题。
⑤所有页面字体的风格是否一致。
⑥背景颜色是否与字体颜色和前景颜色相搭配。
⑦图片的大小和质量是否影响性能。

3. 内容测试

内容测试用来检验 Web 应用系统提供信息的正确性、准确性和相关性。具体描述如下：
①发现基于文本的文档、图形表示和其他媒体中的语法错误（例如打字错误、文法错误）。
②发现当导航出现时所展现的任何内容对象的语义错误。
③发现展示给最终用户的内容的组织或结构方面的错误。

4. 整体界面测试

整体界面测试主要是指当用户浏览 Web 应用系统时是否感到舒适，是否凭直觉就知道要找的信息在什么地方；整个 Web 应用系统的设计风格是否一致。

主要的 Web 界面测试内容如表 3-5 所示。

表 3-5　Web 界面测试

测试内容	界面测试
导航测试	是否易于导航
	导航是否直观
	Web系统的主要部分是否可通过主页存取
	Web系统是否需要站点地图、搜索引擎或其他的导航帮助
图形测试	要确保图形有明确的用途，图片或动画不要胡乱地堆在一起，以免浪费传输时间
	检查所有页面字体的风格是否一致
	背景颜色应该与字体颜色和前景颜色相搭配
	图片的大小和质量也是一个很重要的因素，一般采用JPG或GIF压缩
内容测试	内容测试用来检验Web应用系统提供信息的正确性、准确性和相关性
整体界面测试	当用户浏览Web应用系统时是否感到舒适，是否凭直觉就知道要找的信息在什么地方
	整个Web应用系统的设计风格是否一致

3.3.4　兼容性测试

兼容性测试是指待测试项目在特定的硬件平台上，不同的应用软件之间，不同的操作系统平台上，不同的网络等环境中是否能正常地运行。

兼容性测试的目的是测试待测试项目在不同的操作系统平台上是否能正常运行，包括待测试项目是否能在同一操作系统平台的不同版本上正常运行；待测试项目是否能与相关的其他软件或系统"和平共处"；待测试项目是否能在指定的硬件环境中正常运行；待测试项目是否能在不同的网络环境中正常运行。

做完兼容性测试并不能保证软件完全没有问题，但对于一个项目来讲，兼容性测试是必不可少的一个环节。

兼容性测试主要包括以下几点：操作系统兼容性、浏览器兼容性和分辨率兼容性测试。

1. 操作系统兼容性

市场上有很多不同的操作系统，常用的有 Windows 10、Windows 7、Mac OS、Linux 等操作系统。同一个应用在不同的操作系统下可能会有兼容性问题，可能在有些系统正常，而在有些系统不正常，针对目前主流的操作系统版本我们都需要进行兼容性测试。

2. 浏览器兼容性

国内主流的浏览器内核主要有 3 种：IE 内核、Firefox 内核和 Chrome 内核。

- IE 内核常见的浏览器有：IE 9、IE 10、IE 11、360 安全浏览器（兼容模式）、搜狗浏览器（兼容模式）、QQ 浏览器（兼容模式）等。
- Firefox 内核常见的浏览器有火狐浏览器（Firefox）。
- Chrome 内核常见的浏览器有：Chrome、360 安全浏览器（极速模式）、360 极速浏览器（极速模式）、搜狗浏览器（高速模式）。

3. 分辨率兼容性

同一个页面在不同分辨率下，显示的样式可能会不一样，所以需要进行分辨率的兼容性测试；可以通过对浏览器的缩放的比例进行不同分辨率的测试。常见的显示器分辨率有：1920*1080、1680*1050、1440*900、1366*768、1024*768。

对兼容性测试的测试要点整合后如表 3-6 所示。

表 3-6　兼容性测试要点

测试内容	客户端兼容性测试
操作系统兼容性测试	在Web系统发布之前，需要在各种操作系统下对Web系统进行兼容性测试
浏览器兼容性测试	测试浏览器兼容性的一个方法是创建一个兼容性矩阵。在这个矩阵中，测试不同厂商、不同版本的浏览器对某些构件和设置的适应性
分辨率兼容性测试	在不同分辨率下，测试界面控件是否能正常显示

3.3.5　安全性测试

Web 系统及所处的客户端和服务器环境对很多不怀好意的人都是一个有吸引力的攻击目标，这些人包括外部的黑客、对单位不满的员工、不诚实的竞争者以及其他想制造麻烦的人。

为了防止外部人员对系统进行攻击，需要实现以下一种或多种安全机制。

- 防火墙：是硬件和软件相结合的过滤机制，它能检查每一个进来的信息包，以确保信息包来自合法的信息源，阻止任何可疑的信息包。
- 鉴定：确认所有客户端和服务器身份的一种验证机制。只有当两端都通过检验时才允许通信。
- 加密：保护敏感数据的一种编码机制。对敏感数据进行某种方式的修改，使得非相关人员读不懂。通过使用数字证书，使加密得到了增强，因为数字证书允许客户对数据传输的目标地址进行检验。
- 授权：一种过滤机制，只有那些具有合适授权码（例如用户 ID 和密码）的人，才允许访问客户或服务器。

安全性测试的目的是发现安全机制中的漏洞，这些漏洞能够被怀有恶意的人利用。在设计安全性测试时，需要深入了解每一种安全机制内部的工作情况，并充分理解所用的网络技术。

安全性测试主要包括的要点如表 3-7 所示。

表 3-7　安全性测试要点

测试内容	安全性测试要点
安全性测试	测试用户是否能登录
	Web应用系统是否有超时的限制
	为了保证Web应用系统的安全性，检查日志文件是至关重要的
	当使用了安全套接字时，还要测试加密是否正确，检查信息的完整性
	服务器端的脚本常常构成安全漏洞，如果测试没有经过授权，就不能在服务器端放置和编辑脚本的问题

3.4　数据库测试

数据库在软件应用程序中有非常重要的作用。无论 B/S（浏览器/服务器）软件、C/S（客户端/服务器）软件，还是微服务架构软件、App，或者是 H5 页面，都需要数据库在后端操作。同样在金融、证券、通信、电商、医疗领域中，数据库都是不可缺少的。对于所有数据库的测试来说，检查数据的前后一致性是我们整个测试活动的核心。

3.4.1　数据库测试执行者

数据库测试的执行者主要是开发人员，开发人员需要先自测，然后再由 DBA 与测试人员进行测试。

3.4.2　数据库测试所需要的知识

如果想测试好数据库，首先必须具备一定的数据库知识。在软件测试人员岗位考试中，笔试中一般都会出现要求编写 SQL 语句的题目；在面试过程中，也会问到基础的 SQL 语句及熟悉的程度。对于软件测试人员，数据库方法要求如下：

①熟悉一门主流的数据库，例如：MySQL。

②掌握 SQL。

③能够使用 SQL 操作数据库。

④具备一定的优化数据库的能力。

3.4.3　数据结构的基本知识

数据结构是数据元素集合（也可称数据对象）中各元素的关系。它们相互之间存在特定的关系。一个表（数据库）就可以称为一个数据结构，它由很多记录（数据元素）组成，每条记录又由很多字段（数据项）组成。

3.4.4　数据库测试分类

数据库测试包括：系统测试、集成测试、单元测试、功能测试、性能测试和安全测试。

1. 系统测试

数据库在初期设计中需要进行下列分析测试：
（1）确保存储过程、视图、触发器、约束、规则等这些功能设计符合要求。
（2）确保数据库设计文档和最终的数据库相同。
（3）数据库设计要经过评审。

2. 集成测试

数据库集成测试如下：
①数据项的修改操作。
②数据项的增加操作。
③数据项的删除操作。
④数据表增加到满表。
⑤数据表删除空。
⑥删除空表中的记录。
⑦数据表的并发操作。
⑧针对存储过程的接口测试。
⑨结合业务逻辑做关联表的接口测试，需要对这些接口考虑采用等价类、边界值、错误猜测等方法进行测试。

3. 单元测试

单元测试侧重于逻辑覆盖，数据库开发的单元测试相对简单。
①语句覆盖。
②通过走读方式。

4. 功能测试

（1）DBunit
一款开源的数据库功能测试框架,可以使用类似于 Junit 的方式对数据库的基本操作进行白盒的单元测试，对输入、输出进行校验。
（2）QTP
通过对对象的捕捉识别，我们可以通过 QTP 来模拟用户的操作流程，通过其中的校验方法或者结合数据库后台的监控对整个数据库中的数据进行测试。
（3）DataFactory
一款优秀的数据库数据自动生成工具，通过它读者可以轻松地生成任意结构的数据库，对数据库进行填充，帮助你生成所需要的大量数据，从而验证数据库中的功能是否正确。这属于黑盒测试。

5. 数据库性能

数据库在大多数软件项目中是必不可少的，对于数据库进行性能测试是为了发现数据库对象是否可以有效地承受来自多个用户的并发访问。这些对象主要包括索引、触发器、存储过程和锁。通过对 SQL 语句和存储过程的测试，自动化的压力测试工具可以间接地反应数据库对象是否需要优化。

性能优化分为下列 4 部分：

①物理存储方面。

②逻辑设计方面。

③数据库的参数调整。

④SQL 语句优化。

通过数据库系统的 SQL 语句分析工具，可以分析得到数据库语句执行的瓶颈，从而优化 SQL 语句。

当前主流的数据库测试工具如下：

① LoadRunner：通过对协议的编程来对数据库做压力测试。

② SwingBench：专门针对 Oracle。

③ Oracle 11g 提供的 Real Application Test，可进行数据库性能测试，分析系统的应用瓶颈。

6. 数据库安全测试

随着应用的复杂程度的增加，需要更强大和安全系数更高的数据库才可以满足需求。为了满足高频率的应用程序事务（如银行或财务应用），数据库的安全性成为需要首先考虑的问题。

数据库安全测试主要有：SQL 注入攻击、跨站点脚本攻击、未经授权的用户访问。

所谓 SQL 注入攻击，就是利用开发人员对用户输入数据的合法性检测不严或不检测的特点，故意从客户端提交特殊的代码，用于收集程序及服务器的信息，从而获取想得到的资料。通常别有用心者的目标是获取网站管理员的账号和密码。由于数据库存在大量的存储过程，因此黑客可以轻松地获得整个系统的权限。

本章小结

本章重点讲解了多种测试策略中的兼容性测试、易用性测试、Web 测试、数据库测试，这四种测试是最常用的，也是平时用得最多的。从浏览器兼容性、操作系统兼容性、分辨率兼容、数据兼容性方面开展兼容性测试；从易学习、易使用、易操作方面开展易用性测试。而 Web 测试是一种集多种测试策略的综合测试，从多个方面测试一个网站，最后的数据库测试是检查数据库是否能满足设计要求。

课后习题

1. 请整理兼容性测试要点。

2. 请整理易用性测试要点。

3. 从哪些方面测试一个 Web 网站？

4. 要测试一部电梯，请写出测试思路。

5. 如果发现最终的数据库和数据库设计文档不一致，我们应该怎么办？

第4章　测试总结和测试过程改进

学习目标

- 掌握软件质量评估方法
- 掌握测试总结报告的编写
- 熟悉测试团队
- 了解软件测试过程等级

一款软件经过系统测试后，需要给出一个结论：是否达到了上线的要求。同时，过程决定质量，严格规范的测试过程所得出的结论，更容易得出可信的结论，更容易得到别人的认可。本章会先讲解如何撰写软件测试总结，然后再讲解如何组织测试以及软件测试过程的改进。

4.1　软件测试总结

对所测的软件进行总结，是软件测试的最后一个环节。在这个环节，我们不仅要评估我们所测试的软件是否达到上线的要求，也需要评估软件测试的过程是否规范。

4.1.1　软件质量评估

1. 评估的方法

（1）覆盖评测

覆盖评测是基于需求的、基于用例的测试覆盖的评估方法。

①基于用例的测试覆盖：

- 测试用例执行率＝已执行的用例数/总的测试用例数
- 测试用例通过率＝测试成功的用例数/总的测试用例数

②基于需求的测试覆盖：

- 需求覆盖率＝已执行测试的需求数/总的需求数
- 需求通过率＝已通过测试的需求数/总的需求数

以测试总结节选为例，观察案例执行情况。本次测试累计需求功能数为 41 个。实际开发完成并提交测试的需求数为 41 个，未实现的需求数为 0 个。通过测试的需求数为 41 个，测试通过率为 100%；未通过测试的需求数为 0 个，占总需求数的 0%。

（2）质量评测

- 基于缺陷的质量评测

①缺陷数量分布报告（如表 4-1 和图 4-1 所示）

表 4-1 所属模块-缺陷数量分布表

编号	功能模块名称	缺陷数量	缺陷率
1	模块A	6	12.77
2	模块B	12	25.53
3	模块C	6	12.77
4	模块D	8	17.02
5	模块E	15	31.91
总计	5个模块	47	100

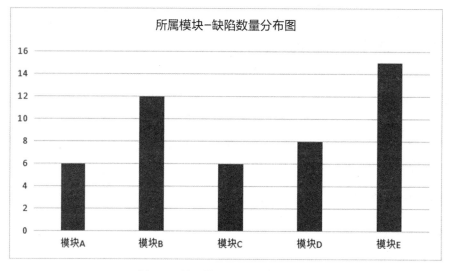

图 4-1 所属模块-缺陷数量分布图

②缺陷严重程度分布表和图（如表 4-2 和图 4-2 所示）

表 4-2 缺陷严重程度分布表

缺陷严重程度	缺陷数	缺陷率
致命	4	8.51
严重	8	17.02
一般	25	53.19
建议	10	21.28
总计	47	100

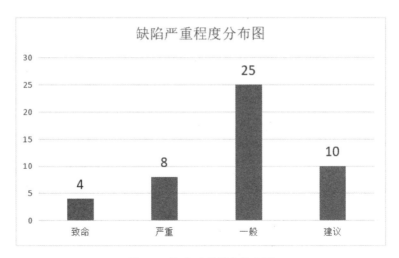

图 4-2　缺陷严重程度分布图

③缺陷优先级分布图（如图 4-3 所示）

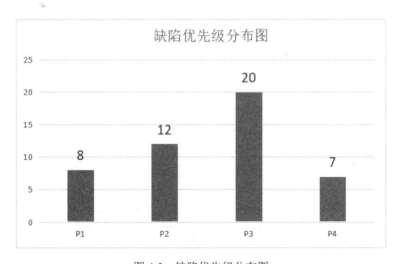

图 4-3　缺陷优先级分布图

④缺陷状态报告（如表 4-3 和图 4-4 所示）

表 4-3　缺陷状态分布表

缺陷状态	缺陷数	缺陷率
新建	0	0.00
分配	0	0.00
打开	0	0.00
解决	0	0.00
关闭	43	91.49
拒绝	2	4.26
延期	2	4.26
总计	47	100

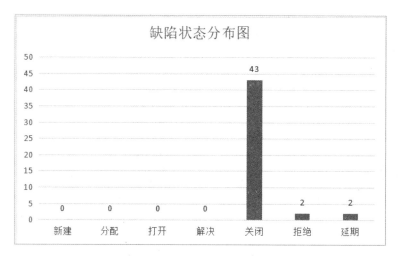

图 4-4　缺陷状态分布图

- 基于性能的评测

①动态监测

动态监测的例子如图 4-5 所示。

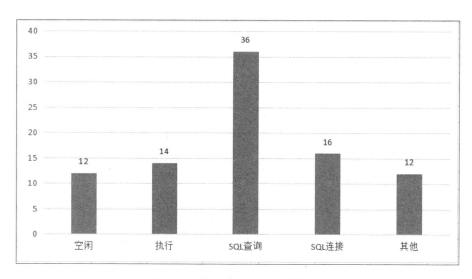

图 4-5　MySQL 动态检测评测图

②响应时间/吞吐量

响应时间/吞吐量的例子如图 4-6 所示。

③其他性能评测

其他性能评测包括响应时间百分位报告和响应时间比较报告。

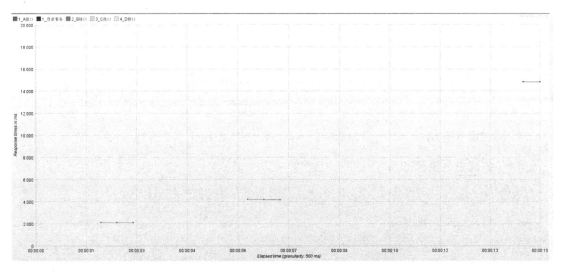

图 4-6　响应时间/吞吐量

4.2　测试总结报告

4.2.1　测试总结

当一个项目测试完成后，测试人员就需要对该项目的所有测试活动进行总结。编写测试总结的作用主要是，评估所测的软件是否达到上线要求，以及评估整个软件测试过程是否规范。

下面提供一个测试总结的参考模板。

1. 引言

1.1　编写目的

本测试报告是 xx 管理系统的测试总结报告，目的在于总结测试阶段的测试情况以及分析测试结果，描述系统是否符合需求并对软件质量进行分析，是否符合上线要求，评估所执行用例是否符合测试计划要求。检测出系统存在的缺陷，并提供解决方法。

1.2　项目背景

[项目背景说明]

2. 测试参考文档

序号	中文标准名称
1	《XX 需求规格说明书》
2	

3. 测试组成员

编号	测试人员	所负责的模块
1	张三	Web 端
2	李四	App 端

4. 测试设计介绍

4.1 测试用例设计方法

等价类划分法、边界值法、错误推测法、因果图法、正交试验设计法等。

4.2 测试环境与配置

设备类别	软件类别	软件名称
服务器		
客户端		

4.3 测试方法

采用的测试策略：功能测试、兼容性测试、界面测试、易用性测试、配置测试、文档测试等。

5. 测试进度

5.1 测试进度回顾

ID	模块名称	测试人员	开始时间	结束时间
1				
2				
3				
4				

5.2 测试进度总结

ID	模块名称	测试人员	进度
1			
2			

5.3 测试用例执行情况

用例总计	已执行数	待执行数	已执行比例

6. 缺陷分析

6.1　缺陷汇总

缺陷汇总		
问题级别	问题类别	数量
严重	崩溃、死机、系统挂起	
很高	功能及特性没有实现或部分实现	
高	与需求不一致，输入与输出不一致	
一般	提示信息不准确、格式错误等	
建议	界面不规范，字号大小不一等	
总计		

6.2　重要缺陷总结

序号	缺陷编号	描述	等级	模块	测试人员	开发人员

6.3　遗留问题列表

问题编号	遗留问题	问题级别	解决问题
bug-01			
bug-02			
bug-03			

7. 测试结论

整体情况	
被测系统评价	
测试问题	
问题解决方案	
个人收获	

测试结论：是否通过测试，是否达到上线的要求。

本测试报告审批意见

项目经理审批意见：
签字 日期

4.2.2　测试总结案例分析

测试总结报告包括：概述、测试情况、测试统计和测试评价等内容。

下面为从实际项目的测试总结报告中选取的部分内容，以供大家参考。

1. 目的

2. 概述

2.1 测试范围

整个测试工作主要是对功能完整性和符合《xx 需求功能规格说明书》要求的测试。本次测试的需求为 xx 系统新增的 41 个需求。

2.2 测试环境

测试环境的搭建由开发组完成。测试环境只单独部署 Web 服务、后台服务和数据库与开发环境共用。

服务器：

机器型号	机器地址	硬件环境	软件环境
服务器	xx.xx.xx.xx	CPU：8 个 内存：16GB	
服务器 2	xx.xx.xx.xx	CPU：4 个 内存：8GB	
服务器 3	xx.xx.xx.xx	CPU：8 个 内存：62GB	

客户端：

机器型号	机器地址	硬件环境	软件环境
测试机 1	xx.xx.xx.xx	CPU：xx 内存：xx 硬盘：xx	Windows 7
测试机 2	xx.xx.xx.xx	CPU：xx 内存：xx 硬盘：xx	Windows 10

2.3 测试工具

工具用途	工具名称	生产厂商/自产	版本
前台功能测试	手工测试		
前台性能测试	JMeter	5.4.1	
测试管理平台	禅道		

2.4 参考资料

3. 测试情况

3.1　测试人员

测试人员如下表所示：

公司/部门	测试人员	工作职责	测试周期
测试部	人员 A		
测试部	人员 B		

3.2　案例执行情况

本次测试累计的需求功能数为 41 个。实际开发完成并提交测试的需求功能为 41 个，未实现的需求功能为 0 个。

通过测试的需求功能数为 41 个，测试通过率为 100%；未通过测试的需求功能数为 0 个，占总需求功能数的 0%。

4. 测试统计

4.1　案例执行统计

本次测试活动累计设计需求测试案例为 41 个，实际执行的测试案例为 41 个，已全部执行，测试覆盖率为 100%；有 41 个执行通过，执行通过率为 100%；有 0 个执行失败，执行失败率为 0%。

4.2　缺陷问题分类统计

截至到目前累计发现缺陷 25 个。

有 1 个一般级缺陷，占所发现缺陷总数的 4%；有 12 个中等级缺陷，占所发现缺陷总数的 48%；有 12 个高等级缺陷，占所发现缺陷总数的 48%；有 0 个严重级缺陷，占所发现缺陷总数的 0%。这些缺陷到目前都已修复解决。

5. 测试结论

5.1　测试结果：

经测试，xx 系统所实现的 41 个功能，如指标的名称、指标的单位、指标的展现粒度都与需求一致；前台功能都能正常使用，并能为不同的用户要求提供多种指标展现方式和个性化的设置操作，数据完整。

5.2　测试评价：

开发上线的 41 个需求功能，在项目经理、技术专家、开发人员的积极配合下，按照公司的测试规范和流程，全部测试完毕。所开发 41 个功能需求都能满足项目要求，功能都能正常使用，符合上线的要求。

4.3 测试的文档

国家有关计算机软件产品开发文件编制指南中共有 14 种文件，可分为 3 大类。

- 开发文件：可行性研究报告、软件需求说明书、数据要求说明书、概要设计说明书、详细设计说明书、数据库设计说明书、模块开发卷宗。
- 用户文件：用户手册、操作手册。用户文件的作用：①改善易安装性；②改善软件的易学性与易用性；③改善软件可靠性；④降低技术支持成本。
- 管理文件：项目开发计划、测试计划、测试分析报告、开发进度月报、项目开发总结报告。

在软件测试过程中，相关的文档也是需要进行测试的，文档的质量很大程度上决定了软件的质量。

4.3.1 文档的审核

文档的质量决定了最终交互的软件的质量，尤其是最原始的软件需求说明书文档。软件开发过程中的文档，也是需要测试人员进行严格的测试的。

需求说明书采用静态黑盒的审核方法如下。

（1）是否从客户的角度出发。

（2）系统是否运用了正确的标准，软件是否和现有的标准和规范抵触。

（3）高质量的需求说明书的特点如下：

　　① 完整

　　② 准确

　　③ 精确、清晰

　　④ 一致

　　⑤ 贴切

　　⑥ 合理

　　⑦ 可测试

（4）高质量的需求说明书中，下列用语应避免使用：

　　①总是、所有、每一种、没有、从不

　　②当然、因此、明显、显然、必然

　　③某些、有时、常常、通常、惯常、经常、大多、几乎

　　④等等、诸如此类、以此类推

　　⑤良好、迅速、高效、小、稳定

　　⑥已处理、已拒绝、已忽略、已消除

　　⑦如果…那么…（没有…否则…）

4.3.2　测试文档的管理和维护

测试文档用来记录、描述、展示测试过程中一系列测试信息的处理过程，通过文字或图示的形式对项目测试活动过程或结果进行描述、定义及报告。管理测试文档的操作如下。

（1）放入项目的配置管理库进行管理，经过评审的文档送入受控库。

（2）设置一位文档保管人员，负责保管项目的所有文档。

（3）测试小组的成员及时更新在配置管理库中的文档。

4.4　组织测试

4.4.1　软件测试团队

软件测试的执行最终需要落实到团队，由团队来执行。根据公司规模的不同，我们把项目团队分成 3 种情况。

小型项目团队：小型（少于 10 人）开发小组常用的组织结构，如图 4.7 所示。

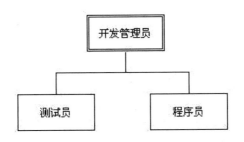

图 4-7　小型项目团队

中型项目团队：测试团队和开发团队都向项目管理员报告的组织结构，如图 4.8 所示。

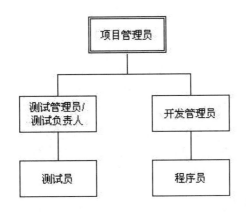

图 4-8　中型公司项目团队

大型公司项目团队：真正独立的测试组织结构，如图 4-9 所示。

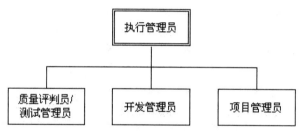

图 4-9　大型公司项目团队结构

4.4.2　激励机制

激励机制是指，通过特定的方法与管理体系，将员工对组织及工作的承诺最大化的过程。"激励机制"是在组织系统中，激励主体系统运用多种激励手段并使之规范化和相对固定化，而与激励客体相互作用、相互制约的结构、方式、关系及演变规律的总和。

激励机制是企业将远大理想转化为具体事实的连接手段。在软件测试工作开展过程中，我们可以采用下列措施。

（1）支持组员。

（2）给出工作时间。

（3）提供培训机会。

4.4.3　构建学习型组织

学习型组织是指通过培养整个组织的学习气氛、充分发挥员工的创造性思维能力而建立起来的一种有机的、高度柔性的、扁平的、符合人性的、能持续发展的组织。这正是学习型组织的理想状态，是学习型组织的实践目标。这种组织具有持续学习的能力，具有高于所有人绩效总和的效应。具体操作方法如下。

（1）在与其他企业合作中学习。

（2）向客户、同事学习。

（3）从自己过去的经验中学习。

4.5　软件测试过程改进

4.5.1　软件测试与软件质量

软件测试是提高软件质量的有效手段，良好的软件过程能保证软件质量。软件测试属于软件过程的一个部分，软件质量由软件开发的过程所决定，软件测试是软件开发的重要过程之一。

4.5.2　软件测试过程等级

1. TCMM Level 1：Initial（初始级）

测试目前处于一种混乱的状态，测试与调试还没有分开。在编码完成后才进行测试工作，测试和调试交叉在一起，目的就是发现软件中的 bug。软件产品发布后没有质量保证，缺乏相应的测试资源，例如缺乏专职测试人员和测试工具、测试人员没有经过培训。处于该级别的公司在测试中缺乏成熟的测试目标，测试处于可无可有的地位。

2. TCMM Level 2：Phase Definition（阶段定义级）

这个阶段将测试同调试分开，且把测试作为编码后的一个阶段。尽管测试被看作是一个有计划的行为，但是由于测试的不成熟所以仅在编码后制定测试计划，测试完全是针对于源代码的。处于这个级别的公司测试的首要目的就是验证软件符合需求，所以会采用基本的测试技术和方法。由于测试处于软件生命周期的末尾环节，因此会导致出现很多无法弥补的质量问题。另外，在需求和设计阶段产生的很多问题都被引入到编码中，但基于源代码的测试导致产生了很多无法解决的问题。

3. TCMM Level 3：Integration（集成级）

测试不再是编码后的一个阶段，而成为整个软件生命周期中各个环节都需要做的工作。在需求阶段软件测试就介入了，测试建立在满足用户或客户的需求上，我们根据需求设计测试用例。处于这个级别的公司的测试工作由独立的部门负责，测试部门与开发部门分开，独立开展工作。测试部门有自己的技术培训并且使用测试工具辅助进行测试。尽管处于这个级别的公司认识到了评审在质量控制中的重要性，但是并没有建立起有效的评审制度，还不能在软件生命周期的各个阶段实施评审制度。没有建立起质量控制的标准。

4. TCMM Level 4：Management and Measurement（管理和度量级）

在该阶段，测试是一个度量和质量控制过程。在软件生命周期中，评审作为测试和软件质量控制的一部分。被测试的软件产品标准包括可靠性、可用性和可维护性等。在测试项目中设计的测试用例被保存在测试用例数据库中，便于重用和回归测试。使用缺陷管理系统管理软件缺陷并划分缺陷的级别。但是处于这个级别的公司还没有建立起缺陷预防机制，且缺乏自动地对测试中产生的数据进行收集和分析的手段。

5. TCMM Level 5：Optimization（优化级）

具有缺陷预防和质量控制的能力。建立在 TCMM Level 4 基础上的测试公司已经建立起测试规范和流程，测试是受控的和被管理的。而达到 TCMM Level 5 的公司，则坚决贯彻落实测试规范和流程，且不断地进行测试过程改进，在实践中运用缺陷预防和质量控制措施。整个测试过程是被以往经验所驱动的，且是可信任和可靠的。选择和评估测试工具存在一个既定的流程。测试工具支持测试用例的运行和管理、辅助设计用例和维护测试相关资料、缺陷收集和分析，为缺陷预防和质量控制提供了支持。

4.5.3　软件测试过程改进

软件测试过程的改进是一个不断持续的过程，当公司的测试过程等级达到 TCMM Level 5 后，测试人员会不断地改进测试过程，提升工作效率和软件的质量。下面是主要的改进措施。

（1）调整测试活动的时序关系。

（2）优化测试活动资源配置。

（3）提高测试计划的指导性。

（4）确立合理的度量模型和标准。

（5）提高覆盖率。

（6）减少漏检测。

4.5.4　软件企业良好的软件测试过程

过程决定质量，细节决定成败，良好的、规范的、标准的软件测试过程才能保证测试工作本身的质量，这样最终交互的软件的质量才能得到用户的认可。所有我们要不断地提升软件测试过程的质量，具体的操作建议如下：

（1）制定测试流程与测试规范。

（2）测试应尽早介入。

（3）引入自动化测试流程。

（4）建立质量控制机制。

（5）提高测试效率。

（6）引入白盒测试。

（7）做好测试数据记录。

本章小结

本章主要介绍了测试管理岗位需要完成的工作，这些都是项目测试负责人、测试主管需要考虑的问题。初学者只需要大体了解、熟悉即可。

课后习题

1. 编写软件测试报告的目的是什么？
2. 系统测试报告包括哪些内容？
3. 如何计算需求的测试覆盖率？
4. 软件测试与软件质量的关系是什么？
5. 软件测试过程的等级有五级，是哪五级？

第2部分　自动化测试部分

第 5 章　自动化测试

学习目标

- 熟悉自动化测试目的、流程、相关工具
- 熟悉自动化测试工具 Selenium
- 掌握 Python WebDriver 自动化测试环境的搭建
- 掌握浏览器操作 API
- 掌握 Selenium 元素定位
- 掌握常见的自动化测试场景

随着软件的规模越来越大，每次回归测试的工作量也越来越多，同时通过回归测试所发现的 bug 是非常少的，这样的话测试的投入和产出性价比会特别低，这个时候，自动化测试出现了，使用程序来测试程序，把测试人员从大量的回归测试中解放出来。本章会从自动化测试的基本概念讲起，然后讲解自动化环境测试的搭建、浏览器操作、元素的识别定位、元素的操作。

5.1　自动化测试概述

5.1.1　自动化测试简介

- 自动化测试概念：是把以人为驱动的测试转化为用机器执行的一种过程，它是一种以程序测试程序的过程。
- 自动化测试分类：分为功能的自动化测试与性能的自动化测试。

技术上所说的自动化测试是指功能的自动化测试，通过编码的方式用一段程序来测试一个软件的功能，这样就可以重复执行程序来达到重复测试的目的。如果一个软件有一小部分功能发生改变，那么只要修改这部分的自动化测试代码，就可以重复对该软件进行测试，提高了测试效率。

5.1.2　什么样的项目适合做自动化测试

一般情况下，只要满足三种情况就可以开展自动化测试：①软件需求变更不频繁；②项目周期较长；③自动化测试脚本可重复使用。软件进行自动化测试需要具备如下特点：

（1）任务测试明确，不会频繁变动。

（2）每日构建后的验证测试。

（3）比较频繁的回归测试。

（4）软件系统界面稳定，变化少。

（5）需要在多平台运行相同的测试用例、组合遍历型的测试、大量的重复测试。

（6）软件维护周期长。

（7）项目进度压力不太长。

（8）被测系统软件开发比较规范，能够保证系统的可测试性。

（9）具备大量的自动化测试平台。

（10）测试人员具备较强的编程能力。

5.1.3　自动化测试流程

自动化测试的介入点：一般是在系统测试阶段开始介入，多用于系统测试的回归测试和性能测试。

自动化只是测试方式的自动化，跟测试阶段无关。可以把任何测试工作通过写一个程序进行自动化测试的都称为自动化测试。

自动化测试流程如下：

（1）进行可行性分析。

（2）测试需求分析。

（3）制定测试计划。

（4）进行自动化测试设计。

（5）进行测试脚本开发。

（6）进行无人值守测试。

（7）提交测试报告。

（8）脚本维护阶段。

5.1.4　自动化测试及工具简述

- QTP：是 Quick Test Professional 的简称，是一款商业化的自动化测试工具。它提供了强大易用的录制回放功能。支持 B/S、C/S 两种架构的软件测试。
- Robot Framework：是一款用 Python 编写的功能自动化测试框架。其具备良好的可扩展性，支持关键字驱动，可以同时测试多种类型的客户端或者接口，可以进行分布式测试。
- Selenium：是一款用于 Web 应用程序测试的工具，它支持多平台、多语言、多浏览器的自动化测试。

5.2　Selenium 工具介绍

Selenium 是基于 Web 的自动化测试工具。它提供了一系列测试函数，用于支持 Web 自动化测试。这些函数非常灵活，能够完成界面元素定位、窗口跳转、结果比较等。

5.2.1 Selenium 名字的来源

Selenium 是 ThoughtWorks 公司专门为 Web 应用程序编写的一个验收测试工具。Selenium 的中文意思为"硒"，是一种化学元素的名字，它对汞（Mercury）有天然的解毒作用，实验表明汞暴露水平越高，硒对汞毒性的抵抗作用越明显，所以说硒是汞的克星。由于 Mercury 测试工具系列（QTP、QC、LR、WR 等）的功能强大，但却价格不菲，大家对此又爱又恨！故 ThoughtWorks 特意把其 Web 开源测试工具命名为 Selenium，以此帮助大家脱离汞毒。

主要功能：测试与浏览器的兼容性，测试你的应用程序看其是否能够很好地工作在不同浏览器和操作系统上。测试系统功能，创建回归测试检验软件功能和用户需求。

Selenium 特点：

- 开源、免费。
- 多语言支持：Python、Java、C#、Ruby、PHP 等。
- 多浏览器支持：Firefox（火狐）、Chrome（Google 浏览器）、IE 或 Edge（微软浏览器）、Opera。
- 多平台支撑：Windows、Linux、Mac OS。
- 对 Web 页面有良好的支撑。
- 简单（API 简单）灵活（用开发语言驱动）。
- 支持分布式执行测试用例。

5.2.2 Selenium IDE

该工具是一个用于构建脚本的初级工具，其实是 Firefox 的一个插件，拥有一个易于使用的界面。它拥有记录功能，能够记录用户执行的操作，并可以导出为可重复使用的脚本。如果没有编程经验，可以通过 Selenium IDE 来快速熟悉 Selenium 的命令。

Selenium IDE 的安装步骤如下：

【步骤 1】安装 Firefox。

一般下载 Firefox 延长版，这个版本 Selenium 基本都能用（最新版本的 Firefox，Selenium 会报错）。进入官网，拉到最底部就可以下载。

【步骤 2】安装 Selenium IDE。

方式一：在官网下载 Selenium IDE 插件然后安装。

方式二：打开 Firefox，通过菜单进入附加组件→扩展→搜索框，输入"selenium"，找到对应版本安装即可。

5.2.3 Selenium Remote Control

Selenium Remote Control 是 Selenium 中最主要的第一代测试工具，它是用 JavaScript 实现的，支持很多浏览器，可以使用 C#、Java 等语言编写测试案例，易于维护，同时提供了很好的扩展性。每一个浏览器对于执行 JavaScript 都有很严格的安全限制，以防止用户被恶意脚本攻击。这也导致了 Selenium 在某些场景下的测试工作变得很困难，例如在 IE 下面的 upload 操作就不许在输入框中填写文件的路径。

5.2.4　WebDriver

WebDriver 是最新版的 Selenium 工具，其提供了许多功能，包括一套组织性更好、面向对象的 API，并克服了许多在之前 Selenium 1.0 版本中测试的局限性。Selenium 2.0 主要的特性就是与 WebDriver API 的集成。WebDriver 旨在提供一个更简单、更简洁的编程接口，以及解决一些 Selenium-RC API 的限制。WebDriver 更好地支持页面本身不重新加载，而页面的元素改变的动态网页。WebDriver 的目标是提供一个良好设计的面向对象的 API，其提供了对于现代 Web 应用程序测试问题的改进支持。WebDriver 支持很多语言，如 C#、Java、Python、Ruby 等。

5.2.5　Selenium Gird

Selenium Grid 可以同时在不同机器上测试不同的浏览器，包含一个 hub 和至少一个 node。node 会发送配置信息到 hub，hub 记录并跟踪每一个 node 的配置信息，同时 hub 会接收到即将被执行的测试用例及其相关信息，并通过这些信息自动选择可用的且符合浏览器与平台搭配要求的 node，node 被选中后，测试用例所调用的 Selenium 命令就会被发送到 hub，hub 再将这些命令发送到指定给该测试用例的 node，之后由 node 执行测试。

利用 Gird，可以很方便地同时在多台机器上和异构环境中并行运行多个测试用例。其主要特点如下：

- 并行执行。
- 通过一个主机统一控制用例在不同环境、不同浏览器下运行。
- 灵活添加新的测试机。

5.3　Python WebDriver 环境搭建

5.3.1　准备工具

为了搭建好 Python WebDriver 测试环境，我们需要先准备好 Python、PyCharm、Selenium 的软件安装包，建议到官网下载安装包。

> **提示**
>
> Python 是 Python 语言安装包，类似 Java 的 JDK。
> PyCharm 是一款由 JetBrains 打造的 Python IDE。

5.3.2　Python 安装配置

首先需下载 Python 版本，这里注意 Python 版本不能低于 3.0，建议使用 3.8 及以上版本。

【步骤 1】在官网双击 Python 的安装程序，出现如图 5-1 所示的界面。

图 5-1　Python 安装

【步骤 2】勾选 Add Python 3.8 to PATH 选项（如图 5-2 所示），会自动将 Python 配置到系统环境变量中，在后续避免了手动配置。

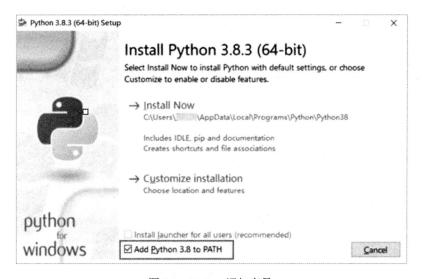

图 5-2　Python 添加变量

【步骤 3】Python 所占用内存较小，所以可以直接默认安装。单击 Install Now 开始安装，当出现如图 5-3 所示的界面时表示安装成功。

图 5-3　安装完成

【步骤 4】验证是否安装成功。按组合键 Win+R，然后在出现的对话框中输入 cmd，接着输入 python，当出现如图 5-4 所示的界面即表示 Python 安装配置完成。

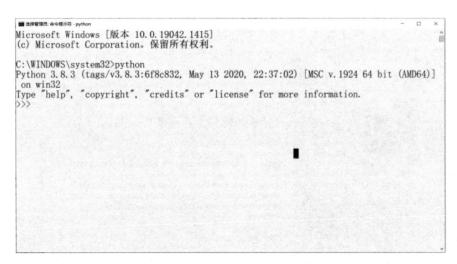

图 5-4　Python 安装配置完成

5.3.3　Selenium 安装

安装方式一：执行如下步骤进行联网安装。

【步骤 1】安装 Python 包，选择全部组件（pip、安装过程中配置环境变量）。

【步骤 2】用 DOS 命令进入 Python 目录，如目录 C:\Python38\Scripts。

【步骤 3】然后执行 pip install -U selenium 连网安装 Selenium。

安装方式二：执行如下步骤进行离线安装。

【步骤 1】安装 Python 包，选择全部组件（pip、安装过程中配置环境变量）。

【步骤 2】建议在官网下载安装包。

【步骤 3】如下载的是 3.8.1 版本的离线安装包，可先解压 selenium-3.8.1.tar.gz，然后用 cmd 进入解压目录，使用命令 python setup.py install 安装 Selenium。

5.3.4 Selenium WebDriver 简介

在 Selenium 2.x 提出了 WebDriver 的概念之后，它提供了完全另外的一种方式与浏览器交互。那就是利用浏览器原生的 API，封装成一套更加面向对象的 Selenium WebDriver API。直接操作浏览器页面里的元素，甚至操作浏览器本身（截屏、窗口大小、启动、关闭、安装插件、配置证书等）。

由于使用的是浏览器原生的 API，因此速度大大提高了，而且调用的稳定性取决于浏览器厂商本身，显然是更加科学了。然而带来的一些副作用就是，不同的浏览器厂商，对 Web 元素的操作和呈现多少会有一些差异，这就直接导致了 Selenium WebDriver 要区分浏览器的厂商。厂商不同，提供的实现不同。例如 Firefox 就有专门的 Geckodriver，Chrome 也有专门的 Chromedriver 等。

5.3.5 PyCharm 安装

从 PyCharm 官网下载，版本分为个人版和社区版（个人版试用期为 30 天），大家根据自己的计算机系统下载对应的版本，推荐下载社区版。

【步骤 1】双击安装程序，出现如图 5-5 所示界面。

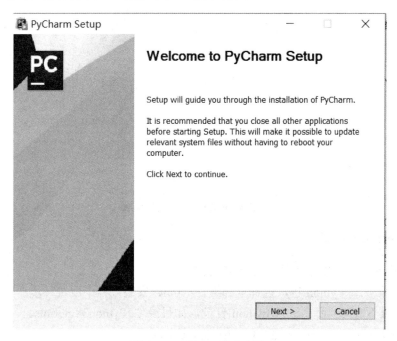

图 5-5　PyCharm 启动安装

【步骤 2】单击 Next 按钮，在出现的如图 5-6 所示的界面中，设置安装路径，根据自己需要选择地址，设置完成后单击 Next 按钮。

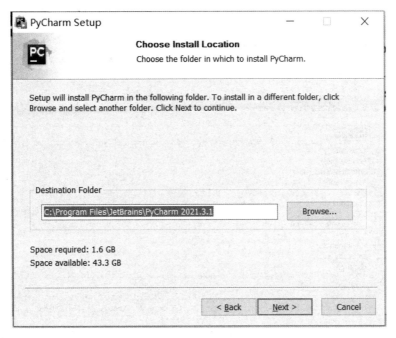

图 5-6　设置路径

【步骤 3】出现如图 5-7 所示的界面，在该界面中设置安装选项。这一步按系统默认即可，直接单击 Next 按钮进入如图 5-8 所示的界面。

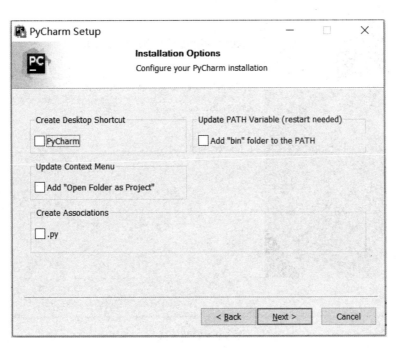

图 5-7　安装选项

【步骤 4】在图 5-8 中设置菜单文件夹。保持默认设置，单击 Install 按钮进行安装。

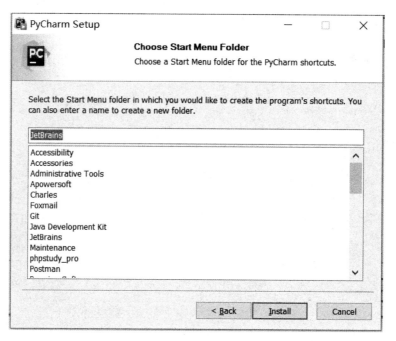

图 5-8　设置菜单文件夹

【步骤 5】安装完成后启动 PyCharm，如图 5-9 所示。

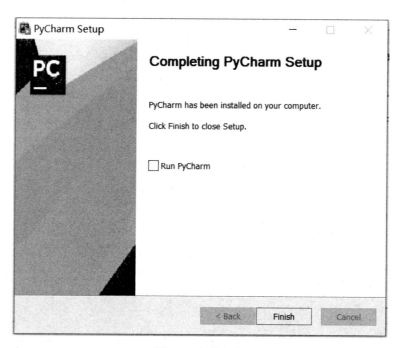

图 5-9　安装完成

【步骤 6】配置解释器。PyCharm 需要和 Python 关联起来，打开 PyCharm 之后，单击 New Project 命令（如图 5-10 所示），新建项目。

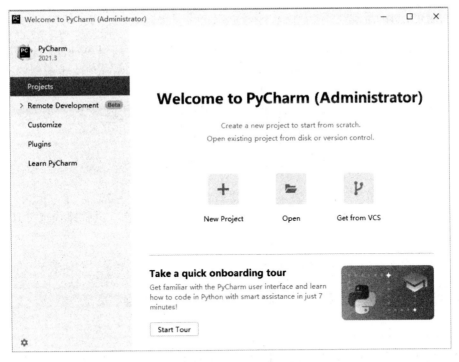

图 5-10　新建项目

【步骤 7】在出现的如图 5-11 所示的界面中，选择对应版本的 Python，然后选择默认安装路径。

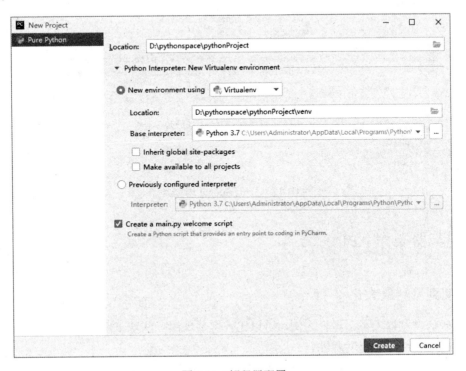

图 5-11　解释器配置

5.3.6　WebDriver 配置

因 Chrome、Firefox、IE、Edge 浏览器的驱动程序不一样，所以 WebDriver 配置的方式会有一些差异。我们以最主流的 Chrome 的驱动程序 Chromedriver 为例来讲解配置过程。

配置方式一：

（1）把下载好的 chromedriver.exe 程序放置到 Python 的安装路径下。

（2）在 Python 中编写如下代码即可。

```
driver = webdriver.Chrome()   # Firefox、IE、Edge 等
```

配置方式二：

（1）把下载好的 chromedriver.exe 程序放置到 Python 项目中（其他路径也可）。

（2）在 Python 中编写如下代码即可。

```
chromePath = chromedriver.exe 路径
os.environ['webdriver.chrome.driver'] = chromePath   # gecko、IE 等
driver = webdriver.Chrome(executable_path=chromePath)   # Firefox、IE 等
```

> **提示**
>
> 其余浏览器配置更改可查看上述配置方式一和配置方式二的注释部分。

打开 Google 浏览器，并打开百度网址的代码，如图 5-12 所示。

图 5-12　打开 Google 浏览器

5.4　浏览器操作 API

5.4.1　使浏览器最大化

在统一的浏览器大小下运行用例，可以比较容易地跟一些基于图像比对的工具结合使用，提升测试的灵活性及普遍适用性。

```
from selenium import webdriver
```

```
# 指定浏览器
driver = webdriver.Chrome()
# 指定打开的网页
driver.get("http://www.baidu.com")
# 将浏览器最大化显示
driver.maximize_window()
```

5.4.2　设置浏览器的宽和高

在不同的浏览器显示窗口大小下访问测试站点，对测试页面截图并保存，然后观察或使用图像比对工具对被测页面的前端样式进行评测。

```
from selenium import webdriver
# 指定浏览器
driver = webdriver.Chrome()
# 指定打开的网页
driver.get("http://www.baidu.com")
# 设置浏览器以宽 480、高 800 显示
driver.set_window_size(480, 800)
```

5.4.3　控制浏览器前进和后退

浏览器上有"后退"和"前进"按钮，对于浏览网页的人来说是比较方便的；对于 Web 自动化测试来说是一个比较难模拟的操作；WebDriver 提供了 back()和 forward()方法，使实现这个操作变得非常简单。

```
from selenium import webdriver
# 指定浏览器
driver = webdriver.Chrome()
# 指定打开的网页
driver.get("http://www.baidu.com")
# 返回（后退）到上一页
driver.back()
# 前进到百度首页
driver.forward()
```

5.4.4　页面截图

在我们实现自动化过程中，经常需要保存截图。当出现错误时，需要将错误信息截图并保存，方便定位问题。

```
from selenium import webdriver
# 指定浏览器
driver = webdriver.Chrome()
# 指定打开的网页
driver.get("http://www.baidu.com")
# 对当前页面进行截图并且保存到指定位置，图片名称自定义
driver.get_screenshot_as_file("d:/test.png")
```

5.4.5 获取页面标题

每个页面都会有页面标题，有时候我们需要判断页面标题是否正确，所以我们需要先将页面标题获取下来。

```python
from selenium import webdriver
# 指定浏览器
driver = webdriver.Chrome()
# 指定打开的网页
driver.get("http://www.baidu.com")
# 获取当前页面的标题，并将获取的值赋值给 title
title=driver.title
# 打印 title 查看是否获取页面标题
print(title)
```

5.4.6 退出当前页

执行完脚本后，页面窗口不会自动关闭，需要发送相应指令来关闭网页窗口。如果不关闭窗口，则在每次执行完脚本后都会遗留窗口，导致页面窗口越来越多，从而影响计算机性能，所以每次执行完后都需要关闭窗口。

```python
from selenium import webdriver
# 指定浏览器
driver = webdriver.Chrome()
# 指定打开的网页
driver.get("http://www.baidu.com")
# 关闭窗口
driver.quit()
```

5.4.7 刷新页面

在浏览网页时，最常见的操作之一就是刷新网页。所以 Selenium 也提供了模拟刷新的方法。

```python
from selenium import webdriver
# 指定浏览器
driver = webdriver.Chrome()
# 指定打开的网页
driver.get("http://www.baidu.com")
# 刷新当前页面
driver.refresh()
```

5.5 Selenium 元素的定位

元素的定位和操作是自动化测试的核心部分，其中操作又是建立在定位的基础上的，如一个对象就是一个人，我们可以通过身份证号、姓名或者其住址找到这个人。那么一个 Web

对象也是一样的，我们可以通过唯一区别于其他元素的属性来定位这个元素。

元素识别如下。

（1）利用 Chrome 浏览器的开发者工具。

①打开 Chrome 浏览器，按 F12 键或依次单击"菜单"→"更多工具"→"开发者工具"。

②切换到 Elements 选项卡，单击左上方小箭头可以指定页面元素，查看对应代码。

（2）利用 Firefox 浏览器开发者工具。

①打开 Firefox 浏览器，按 F12 键或执行命令"菜单"→"Web 开发者"→"查看器"。

②切换到"查看器"选项卡，单击左上方小箭头可以指定页面元素，查看对应代码。

5.5.1　基本元素定位 API 使用

元素定位在自动化测试中非常重要，因为只有定位识别了元素，才能操作元素，所以元素定位是自动化测试的重点。下面介绍几种元素的定位方式。

1. 通过 id 定位元素，id 和 name 是我们使用最多的定位方式，因为大多数页面控件都有这两个属性，并且在对控件的 id 和 name 命名时会按代码规范取有意义的名字，这些名字是唯一的：

```
driver.find_element(by=By.ID,value=id)
```

2. 通过 name 定位元素，元素的名称唯一：

```
driver.find_element(by=By.NAME,value=name)
```

3. 通过 class_name 定位元素，样式名可能不唯一：

```
driver.find_element(by=By.CLASS_NAME,value=class)
```

4. 通过 tag_name 定位元素，给元素标签名字：

```
driver.find_element(by=By.TAG_NAME,value=tagName)
```

5. 通过 link 定位，识别超链接：

```
driver.find_element(by=By.LINK_TEXT,value=text)
```

或通过 partial_link_text 定位，使用链接的一部分文字进行匹配：

```
driver.find_element(by=By.PARTIAL_LINK_TEXT,value=text)
```

6. 通过 XPath 定位元素：

```
driver.find_element(by=By.XPATH,value=xpath)
```

7. 通过 CSS 定位元素：

```
driver.find_element(by=By.CSS_SELECTOR,value=css)
```

举例：有一个 input 输入框，id 为 account，name 也为 account，class 样式为 form-control，

具体代码如下：

```
<input id="account" class="form-control" name="account" value="demo"
autofocus="" type="text">
```

1. 通过 id 定位元素：

```
driver.find_element(by=By.ID,value='account')
```

2. 通过 name 定位元素：

```
driver.find_element(by=By.NAME,value='account')
```

3. 通过 class_name（样式名）定位元素：

```
driver.find_element(by=By.CLASS_NAME,value='form-control')
```

4. 通过 tag_name（标签名）定位元素：

```
driver.find_element(by=By.TAG_NAME,value='input')
```

> **提示**
>
> tag_name 应该是所有定位方式中最不靠谱的一种，因为在一个页面上相同 tag_name 的元素极其容易出现。

举例：打开百度首页，定位新闻超链接，网页代码如下：

```
<a class="mnav" href="http://news.baidu.com" name="tj_trnews">新闻</a>
```

1. 通过 name 定位元素：

```
driver.find_element(by=By.NAME,value='tj_trnews')
```

2. 通过 class_name 定位元素：

```
driver.find_element(by=By.CLASS_NAME,value='mnav')
```

3. 通过 link_text 定位元素：

```
driver.find_element(by=By.LINK_TEXT,value='新闻')
```

4. 当一个链接的文字很长时，我们可以只取其中的部分，只要取的部分可以唯一标识元素即可：

```
driver.find_element(by=By.PARTIAL_LINK_TEXT,value='新')
```

5.5.2 元素定位 API 之 XPath

XPath 是什么？XPath 是一门在 XML 文档中查找信息的语言，XPath 可用来在 XML 文档中对元素和属性进行遍历，主流的浏览器都支持 XPath，因为 HTML 页面在 DOM 中表示为 XHTML 文档。Selenium WebDriver 支持使用 XPath 表达式来定位元素。XPath 常用如图 5-13 所示的 6 种定位元素的方法。

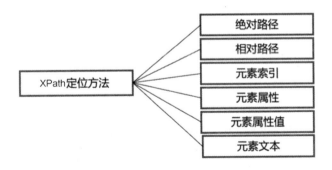

图 5-13　XPath 定位

1. 通过绝对路径定位

绝对路径的开头是一个斜线（/），从网页的根节点 html 开始，逐层去查找需要定位的元素。此方法缺点显而易见，当页面元素位置发生改变时，就需要修改，因此并不推荐使用。
举例：百度搜索框，使用绝对路径定位。

```
driver.find_element(by=By.XPATH,value='/html/body/div[1]/div[1]/div/div[1]/div/form/span[1]/input')
```

> **提示**
>
> 当同一层次有多个相同的元素时，使用下标区分，下标从 1 开始。

2. 通过相对路径定位

相对路径的开头是两个斜线（//），表示文件中所有符合模式的元素都会被选出来，即使是处于树中不同的层级也会被选出来。
举例：百度搜索框，使用相对路径定位。

```
driver.find_element(by=By.XPATH,value='//span[1]/input')
driver.find_element(by=By.XPATH,value='//form/span[1]/input')
```

> **提示**
>
> 以上都可以定位到百度搜索框，相对路径的长度和开始位置并不受限制，可以采用从后往前逐层定位的方式。

3. 通过元素索引定位

遇到同层级相同标签元素时，可以使用索引（下标）表示，索引的初始值为 1。
举例：打开百度首页，定位链接。

```
driver.find_element(by=By.XPATH,value='//div[3]/a[2]')
```

4. 使用元素属性定位

元素属性定位要求属性能够定位到唯一一个元素，如果存在多个相同条件的标签，默认定位第一个，具体格式如下：

```
//标签名[@属性="属性值"]。
```

支持使用 and 和 or 关键字，多个属性一起定位元素。
例子如下：

```
driver.find_element(by=By.XPATH,value="//a[@name='tj_trnews']")
driver.find_element(by=By.XPATH,value="//a[@name='tj_trnews' and @class='mnav']")
driver.find_element(by=By.XPATH,value="//a[@name='tj_trnews' or @class='mnav']")
```

XPath 支持通配符号*，通过属性定位还可以有如下写法：

```
driver.find_element(by=By.XPATH,value="//*[@*='tj_trnews']")
```

5. 使用元素属性值匹配（也称为模糊方法定位）

属性值如果太长或网页中的元素属性是动态变化的，可以使用此方法。
元素属性值开头包含内容 starts-with()：

```
driver.find_element(by=By.XPATH,value="//a[starts-with(@name, 'tj_trhao')]")
```

元素属性值结尾包含内容 substring()：

```
driver.find_element(by=By.XPATH,value="//a[substring(@name, 9)='123']")
```

元素属性值结尾包含内容 contains()：

```
driver.find_element(by=By.XPATH,value="//a[contains(@name, 'hao')]")
```

> **提示**
>
> XPath 1.0 中没有 ends-with 函数，但 XPath 2.0 中有，目前浏览器使用的都是 XPath 1.0。

6. 使用元素文本定位

元素文本在 XPath 中可以通过 text()函数获取，也可以用其来进行元素定位：

```
driver.find_element(by=By.XPATH,value="//a[text()='新闻']")
driver.find_element(by=By.XPATH,value="//a[contains(text(), '新')]")
```

5.5.3 元素定位 API 之 css_selector

css_selector是什么？css_selector表示样式选择器CSS是一个被用来描述如何在屏幕等处渲染 HTML 和 XML 文档的语言。CSS 使用选择器来为文档中的元素绑定样式属性。选择器（selector）是用来在树中匹配元素的模式，选择器对 HTML 和 XML 进行了优化，被设计用来在注重性能的代码中执行。Selenium 官网的 Document 里极力推荐使用 css_selector，而不是 XPath 来定位元素。

css_selector 常用如下 6 种定位元素的方法，如图 5-14 所示。

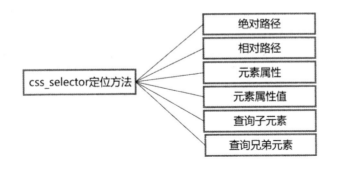

图 5-14　CSS 定位

1. 通过绝对路径定位

绝对路径定位是从网页的根节点 html 开始的，然后逐层去查找需要定位的元素。
此方法缺点与用 XPath 方法时的缺点一样。
举例：对百度搜索框使用绝对路径定位。

```
driver.find_element_by_css_selector('html body div#wrapper div#head
div.head_wrapper div.s_form div.s_form_wrapper.soutu-env-mac.soutu-env-index
form#form span.bg.s_ipt_wr.quickdelete-wrap input#kw')
```

> **提示**
>
> 当同一层次有多个相同的元素时，使用 id 或 class 区分，遇到 id 用(#)号，遇到 class 用(.)号。

2. 通过相对路径定位

相对路径表示文件中所有符合模式的元素都会被选出来，即使是处于树中不同的层级也会被选出来。
举例：对百度搜索框使用相对路径定位。

```
driver.find_element_by_css_selector('#kw')
driver.find_element_by_css_selector('input#kw')
```

3. 使用元素属性定位

与前面的 XPath 方法类似。
支持使用多个属性一起定位元素。
举例：打开百度首页，定位新闻超链接。

```
driver.find_element_by_css_selector("a[name='tj_trnews']")
```

```
driver.find_element_by_css_selector("a[name='tj_trnews'][class='mnav']")
```

4. 使用元素属性值匹配（也称为模糊方法定位）

用法类同 XPath 方法。
元素属性值开头包含内容"^="：

```
driver.find_element_by_xpath("a[name^='tj_trhao']")
```

元素属性值结尾包含内容"$="：

```
driver.find_element_by_xpath("a[name$='123']")
```

元素属性值结尾包含内容"*="：

```
driver.find_element_by_xpath("a[name*='hao']")
```

5. 查询子元素

（1）查询子元素：A>B

```
driver.find_element_by_css_selector('form>span>input')
```

（2）查询后代元素：A 空格 B（类似 >）

```
driver.find_element_by_css_selector('form span input')
```

（3）查询第一个后代元素：first-child

```
driver.find_element(By.CSS_SELECTOR, 'div#u1 a:first-child')
```

（4）查询最后一个后代元素：last-child

```
driver.find_element(By.CSS_SELECTOR, 'div#u1 a:last-child')
```

（5）查询第 n 个子元素：nth-child(n) [类同:nth-of-type(n)]

```
driver.find_element(By.CSS_SELECTOR, 'div#u1 a:nth-child(3)')
```

6. 查询兄弟元素

（1）同层级下一个元素用"+"号

```
driver.find_element(By.CSS_SELECTOR, 'div#u1 a +a')
```

（2）选择同层级多个相同标签的元素用"~"号

```
driver.find_elements(By.CSS_SELECTOR, 'div#u1 a ~a')
```

提示

"+"号可以多次使用，"~"号一般返回的是多个元素，要用 find_elements 接收。

定位元素的代码形式如下：

```
from selenium.webdriver.common.by import By
driver.find_element(By.ID, 'kw')    #框架中适合该种形式
driver.find_element(By.CSS_SELECTOR, 'div#u1 a +a')
```

5.6　常用元素操作 API

定位到元素后，需要对元素进行操作，常见的有鼠标单击、键盘操作等，这取决于我们定位到的对象支持哪些操作。一般来说，所有与页面交互的操作都将通过 WebElement 接口。

WebDriver 中常用的操作元素的方法有如下几个。

（1）clear()：清除对象的内容。

```
driver.find_element_by_id('kw').clear()
```

（2）send_keys()：在对象上模拟按键输入。

```
driver.find_element(By.ID, 'kw').send_keys("12306")
```

（3）click()：单击对象，强调对象的独立性。

```
driver.find_element(By.ID, 'su').click()
```

（4）submit()：提交表单，要求对象必须是表单。

```
driver.find_element(By.ID, 'form').submit()
```

（5）size：返回对象的尺寸。

```
driver.find_element_by_css_selector("#J_username").size
```

（6）text：获取对象的文本。

```
driver.find_element_by_css_selector("a.sendpwd").text
```

（7）get_attribute("属性名")：获取对象的属性值。

```
driver.find_element_by_css_selector("#J_username").get_attribute("name")
```

（8）is_displayed()：用来判断对象是否可见，即 CSS 的 display 属性是否为 none。

```
driver.find_element_by_css_selector("#J_username").is_displayed()
```

（9）is_enabled()：判断对象是否被禁用。

```
driver.find_element_by_css_selector("#J_username").is_enabled()
```

（10）is_selected()：判断对象是否被选中。

```
driver.find_element_by_id("head_checkbox").is_selected()
```

（11）tag_name：获取对象标签名称。

```
driver.find_element_by_id("head_checkbox").tag_name
```

（12）location：获取元素坐标。

```
driver.find_element_by_id("head_checkbox").location
```

5.7   鼠标键盘事件

在实际的 Web 产品测试中，对于鼠标的操作，不单单只有单击 click()，有时候还要用到右击、双击、拖动等操作，这些操作包含在 ActionChains 类中。

ActionChains 类中鼠标操作的常用方法如下：

（1）context_click()：右击。

（2）double_click()：双击。

（3）drag_and_drop()：拖动。

（4）move_to_element()：鼠标移动到一个元素上。

（5）click_and_hold()：在一个元素上按下鼠标左键并保持不松开。

举例：使用 Google 浏览器 Chrome，打开百度网站，然后用鼠标右击"贴吧"链接。

```
from selenium import webdriver
from selenium.webdriver.common.by import By
from selenium.webdriver.common.keys import Keys
from selenium.webdriver.common.action_chains import ActionChains
# 指定浏览器
driver = webdriver.Chrome()
# 指定打开的网页
driver.get("http://www.baidu.com")
# 定位元素位置并且赋值给 a
a=driver.find_element_by_css_selector('#s-top-left > a:nth-child(4)')
# 鼠标右击操作
ActionChains(driver).context_click(a).perform()
# 模拟鼠标单击
ActionChains(driver).click(a).release(a).perform()
```

在实际的 Web 测试工作中，需要配合键盘按键来操作，WebDriver 的 keys()类提供键盘上所有按键的操作，还可以模拟组合键 Ctrl+A、Ctrl+C/Ctrl+V 等。

举例：使用键盘完成单键操作、组合键操作。

```
from selenium import webdriver
from selenium.webdriver.common.by import By
from selenium.webdriver.common.keys import Keys
from selenium.webdriver.common.action_chains import ActionChains
# 指定浏览器
driver = webdriver.Chrome()
# 指定打开的网页
```

```
driver.get("http://www.baidu.com")
# 找到元素
driver.find_element(By.XPATH, '//input[@id="kw"]').send_keys(Keys.TAB)
# 利用 ActionChains 去进行按键操作
ActionChains(driver).send_keys(Keys.TAB).perform()
# 组合键操作：Ctrl+C、Ctrl+V。  注意：粘贴之前先复制内容到剪贴板
driver.find_element(By.XPATH, '//input[@id="kw"]').click()
ActionChains(driver).key_down(Keys.CONTROL).send_keys('v').key_up(Keys.CONTROL).perform()
```

> **提示**
>
> 1. 在使用修饰键的时候需要用到 key_down()和 key_up()方法。修饰键包括 Ctrl、Alt、Shift。
> 2. 不能使用类似 "Alt+F4"、"Ctrl+Alt+Delete" 组合键。

5.8　等待操作

为了保证脚本的稳定性，有时候需要引入等待时间，等待页面加载元素后再进行操作。Selenium 提供三种等待时间设置方式。

1. sleep()：固定休眠时间设置，Python 的 time 包里提供了休眠方法 sleep()，导入包后就能使用。

   sleep()方法以秒（s）为单位，如果超时设置小于 1s，可以使用小数。

```
import time
time.sleep(0.5)
```

2. implicitly_wait()：implicitly_wait()方法比 sleep()方法智能，sleep()方法只能在一个固定的时间等待，而 implicitly_wait()可以在一个时间范围内等待，称为隐式等待。

```
driver.implicitly_wait(100)
element=driver.find_element_by_css_selector("div.red_box")
```

> **提示**
>
> 设置等待时间为 100s，页面上的元素 5s 后出现。则只等待 5s。不会等待 100s。

3. WebDriverWait()：显示等待，语法格式如下：

```
WebDriverWait(driver, timeout, poll_frequency=0.5, ignore_exceptions=None)
```

①driver：WebDriver 的驱动程序（IE、Firefox、Google 浏览器驱动程序）。

②timeout：最长超时时间，默认以秒为单位。

③poll_frequency：休眠时间的间隔（步长）时间，默认为 0.5s（即每半秒扫描一次页面）。

④ignore_exceptions：超时后的异常信息，默认情况下抛出 NoSuchElementException 异常。

5.9 处理常见自动化场景

5.9.1 定位一组对象

WebDriver 可以定位一个特定的对象,不过我们有时需定位一组对象,WebDriver 同样提供了定位一组元素的方法 find_elements。

定位一组对象一般用于以下场景:

(1)批量操作对象,比如将页面上的复选框都勾选上。

(2)先获取一组对象,再在这组对象中过滤需要具体定位的一些对象。

举例:使用 tag_name 定位一组指定页面上的复选框。

```python
from selenium import webdriver
import os
# 指定浏览器
driver = webdriver.Chrome()
# 指定打开的网页
filepath = 'file:////' + os.path.abspath('checkbox.html')
driver.get(filepath)
# 获取一组对象
inputs = driver.find_elements_by_tag_name("input")
for input in inputs:
    if input.get_attribute('type')=='checkbox':
        input.click()
```

5.9.2 层级定位

在实际的项目测试中,经常会遇到无法直接定位到需要选取的元素,但是其父元素比较容易定位。通过定位父元素再遍历其子元素,可以定位需要的目标元素。

层级定位的思想是先定位父对象,然后再从父对象中精确定位出我们需要选取的后代元素。

语法举例:

```python
driver.find_element_by_id('***').find_element_by_link_text('***')
```

5.9.3 定位 frame 中的对象

在 Web 应用中经常会出现 frame 嵌套的应用,假设页面上有 A、B 两个 frame,其中 B 在 A 内,那么定位 B 中的内容则需要先定位到 A,再到 B。

switch_to.frame 方法可以把当前定位的主题切换到 frame 里,在 frame 里实际是嵌套了另外一个页面的,而 WebDriver 每次只能在一个页面里识别,所以需要用 switch_to.frame 方法去获取 frame 中嵌套的页面。

举例:使用 switch_to.frame()切入 frame1 的 frame 上,使用 switch_to.default_content()切回模块框架。

```
#移动到id为frame1的frame上
driver.switch_to.frame('frame1')
print (driver.find_element_by_css_selector("#div1").text)
# 将识别的主体切换出frame
driver.switch_to.default_content()
print(driver.find_element_by_css_selector("#id1").text)
```

> **提示**
>
> switch_to.frame 的参数必须是 id 或者是 name，所以一个 frame 只要有 id 和 name 就容易处理了。如果没有的话，可用下列两种解决思路。
>
> 1. 让开发人员加上 id 或者 name。
> 2. 使用 XPath 等方式定位然后实现跳转。

5.9.4　浏览器多窗口处理

有时候我们在测试一个 Web 应用的时候会出现多个浏览器窗口的情况，如果不在同一个窗口，那么是无法定位到元素的。WebDriver 提供了相应的解决方案，如下所述：

首先要获得每一个窗口的唯一标识号（句柄），通过获得的句柄来区分不同的窗口，从而对不同窗口上的元素进行操作。

举例：获取多个窗口的句柄，通过不同的句柄切换窗口。

```
# 获取当前窗口句柄
nowhandle=driver.current_window_handle
# 对该位置元素进行单击操作
driver.find_element_by_css_selector('a.pass-reglink').click()
time.sleep(2)
allhands = driver.window_handles   #获取所有窗口的句柄
for hands in allhands:
    if hands != nowhandle:
        # 通过句柄跳转窗口
        driver.switch_to.window(hands)
# 在该位置输入
driver.find_element_by_name("account").send_keys("123456")
#关闭新打开的窗口
driver.close()
#返回之前的窗口
driver.switch_to.window(nowhandle)
```

5.9.5　alert/confirm/prompt 处理

在 WebDriver 中，处理原生 JavaScript 的 alert、confirm 以及 prompt 非常方便，原生弹框与页面弹框不一样，是无法通过之前的方法定位的，原生弹框如图 5-15 所示。

图 5-15　原生弹框

具体思路是使用 switch_to.alert()方法定位到当前的 alert/confirm/prompt（这里注意当前页面只能同时含有一个控件，如果多了会报错，所以这就需要一一处理了），然后再调用 alert 的方法进行操作，alert 提供了以下几个方法：

（1）text：返回 alert/confirm/prompt 中的文字内容。

（2）accept：单击确认按钮。

（3）dismiss：如果有取消按钮的话，单击取消按钮。

（4）sendKeys：向 prompt 中输入文字。

举例：在弹出框中，进行单击确认、取消、输入内容操作。

```
# 单击元素弹出框的确认按钮
driver.switch_to.alert().accept()
# 单击取消按钮
driver.switch_to.alert().dismiss()
# 在原生弹框中输入
driver.switch_to.alert().send_keys("123456")
```

提示

用 send_keys 方法在 ChromeDriver 中输入后不会显示。

5.9.6　下拉框处理

Web 页面上经常会出现下拉框，对下拉框的处理比较简单，一般分为下列两种情况。

1. 下拉框通过元素定位识别。举例：

```
driver.find_element(By.XPATH, '//option[@value="mango"]').click()
```

上面的元素为下拉框中的选项。

2. 创建一个 select 的对象，然后通过相应方法处理。举例：

```
selectElement = driver.find_element(By.XPATH, '//select[@id="Selector"]')
s = Select(selectElement)
#索引定位，索引从 0 开始
s.select_by_index(2)
time.sleep(2)
#value 属性的值
s.select_by_value("mango")
time.sleep(2)
#可见文本内容
s.select_by_visible_text("水果")
```

5.9.7　调用 JavaScript

当遇到用 WebDriver 无法完成操作时，可以使用 JavaScript 来完成。WebDriver 提供了 execute_script()接口来调用 JavaScript 代码。

本章小结

为了提高测试的效率、减少测试人员的工作量，从本章开始讲解 UI 自动化测试。自动化测试被广泛应用于冒烟测试、业务回归测试，可把测试人员从工作量很大的功能业务中解放出来。本章主要讲解 Selenium 的 WebDriver，包括自动化环境的搭建、浏览器操作、元素识别、常见的元素操作，让大家能够初步掌握自动化测试的脚本编写。UI 自动化测试的核心是元素识别和元素操作，本章对这两个知识点都做了详细讲解和说明，请大家多加注意，并多练习编写代码。

课后习题

1. 什么是自动化测试？
2. 自动化测试的分类有哪些？
3. 什么项目适合做自动化测试？
4. 自动化测试的流程有哪些？
5. Python WebDriver 环境搭建的主要步骤是什么？
6. 浏览器操作 API 有哪些？
7. 主要的元素定位方法有哪些？
8. 时间等待操作有哪些？为什么要加时间等待操作？
9. 如果发现 frame 没有 id 或 name，我们怎样定位 frame 中的元素？
10. 什么是句柄？在什么场合需要用到句柄？
11. 遇到验证码，有哪些测试方法？

第 6 章　自动化测试模型

学习目标

- 掌握自动化测试框架
- 掌握自动化测试模型
- 掌握数据驱动
- 了解关键字驱动

通过上一章的学习，我们已经掌握了元素识别、元素操作，以及自动化测试脚本的编写。但这些还远远不够，从本章开始讲解自动化测试框架，涉及自动化测试模型、代码的封装、数据的分离，并会初步讲解关键字驱动框架。

6.1　自动化测试框架简介

6.1.1　框架的概念

在系统开发过程中，框架是指对特定应用领域中的应用系统的部分设计和实现子系统的整体结构。

框架将应用系统划分为类和对象，定义类和对象的责任，定义类和对象如何互相协作以及对象之间的控制线程。这些共有的设计因素由框架预先定义，应用开发人员只需关注特定应用系统的特有部分即可。

6.1.2　自动化测试框架的定义

自动化测试框架是由一个或多个自动化测试基础模块、自动化测试管理模块、自动化测试统计模块等组成的工具集合。

- 按框架的定义来分，自动化测试框架可以分为基础功能测试框架、管理执行框架。
- 按不同的测试类型来分，可以分为功能自动化测试框架、性能自动化测试框架。
- 按测试阶段来分，可以分为单元自动化测试框架、接口自动化测试框架、系统自动化测试框架。
- 按组成结构来分，可以分为单一自动化测试框架、综合自动化测试框架。
- 按部署方式来分，可以分为单机自动化测试框架、分布式自动化测试框架。

6.2　自动化测试模型介绍

自动化测试框架是一个集成体系，这个体系中包含测试功能的函数库、测试数据源、测试对象识别标准以及可重用的模块。

6.2.1　线性测试

录制或编写脚本，一个脚本完成一个场景，通过对脚本的回放来进行自动化测试。这是早期进行自动化测试的一种形式。

线性测试的优点是每一个测试脚本都是独立的，任何一个脚本文件拿出来都能单独运行；缺点是用例的开发和维护成本高，这种模式下数据和脚本是混在一起的，如果数据发生变化，脚本也需要进行变更。

6.2.2　模块化与库

在实际自动化测试过程中，比如发帖、回帖操作，都需要进行登录操作；采用线性脚本，每个脚本都需要登录代码，此时可以把重复的部分写成一个公共的模块，需要的时候进行调用即可。

这样做有下列两方面的优势：

- 提高开发效率，不用重复地编写相同的脚本。
- 方便代码维护，假设登录模块发生了变化，只要修改公共的登录脚本就行，其他调用登录模块的脚本不需要做任何修改。

代码 1：封装一个打开浏览器的方法。转入一个 driver 和 url 网址，然后打开网站。代码如图 6-1 所示。

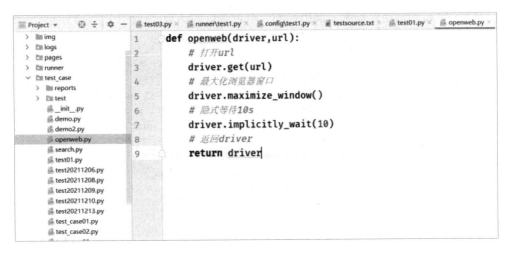

图 6-1　openweb 代码模块

代码 2：封装百度搜索操作。根据转入的搜索内容进行搜索，代码如图 6-2 所示。

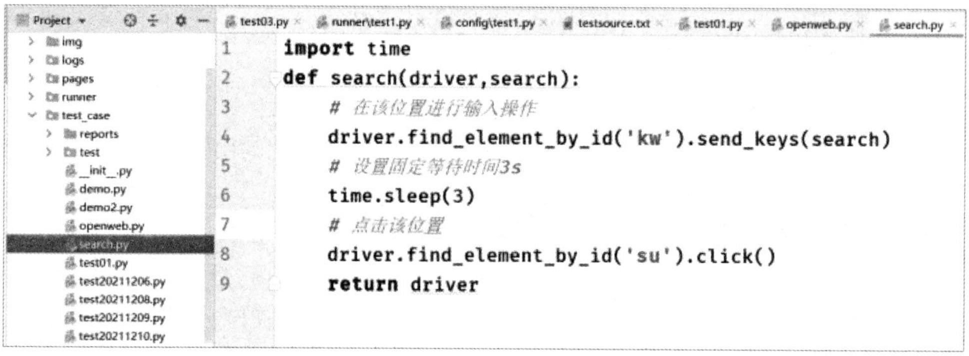

图 6-2　search 代码模块

代码 3：封装退出浏览器操作。代码如图 6-3 所示。

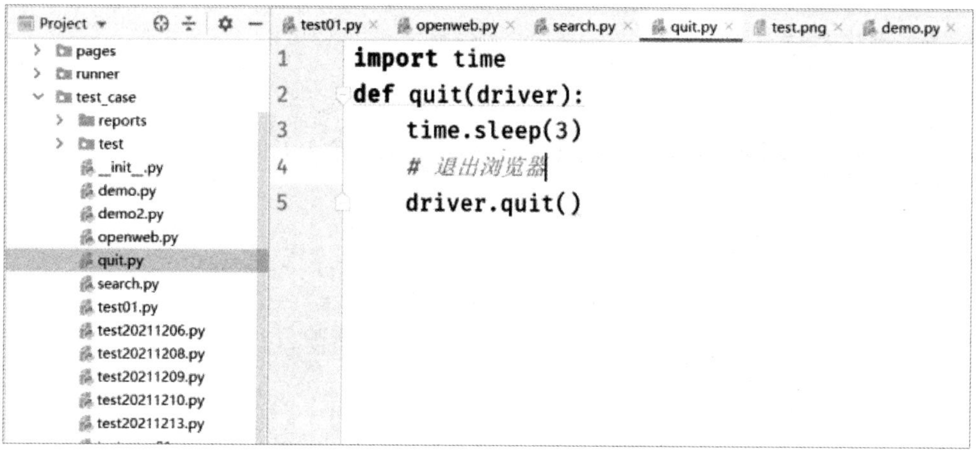

图 6-3　quit 代码模块

代码 4：编写测试用例脚本，调用前面 3 个封装好的函数。代码如图 6-4 所示。

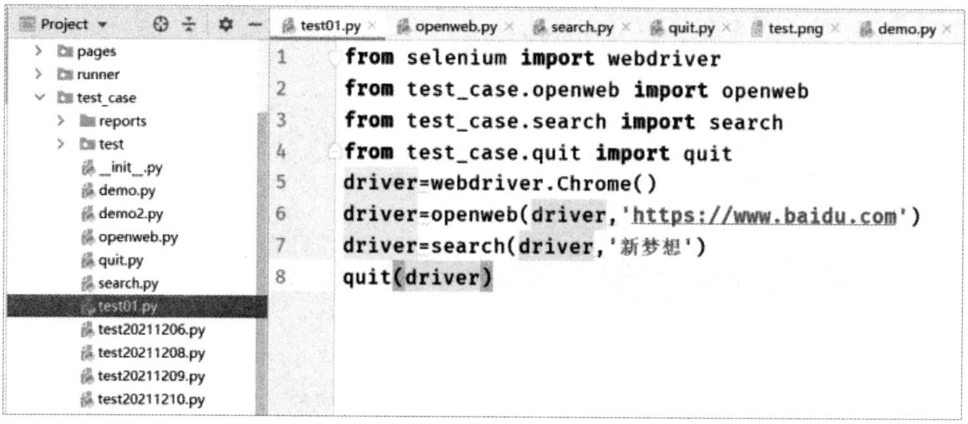

图 6-4　test01 代码模块

6.3　数据驱动

数据驱动是自动化的一个进步，从本意来讲，数据的改变（更新）驱动自动化的执行，从而引起结果改变。相当于把测试数据进行参数化，输入数据的不同从而引起输出结果的变化。

举例：自动搜索百度多次，每次搜索的内容都不一样。

```python
import time
from selenium import webdriver
# 创建实例打开浏览器
driver=webdriver.Chrome()
# 打开指定 url
driver.get("http://www.baidu.com")
# 定义变量
values=('12306', u'火车票', 'selenium')
# 使用 for 循环进行遍历，values 中有多少值，就循环多少次
for value in values:
    # 进行输入
    driver.find_element_by_css_selector("#kw").send_keys(value)
    # 单击该位置
    driver.find_element_by_css_selector("#su").click()
    time.sleep(3)
    # 返回
    driver.back()
```

从上面的例子可以看出，不管我们读取的是列表、字符串、字典，还是 txt、csv 等文件，都可以实现数据与脚本的分离，也就是参数化。

```python
from selenium import webdriver
import time
import os
# 指定浏览器驱动文件位置
Chromedi = "C:/Users/Administrator/AppData/Local/Google/Chrome/Application/
chromedriver.exe"
os.environ["webdriver.Chrome.driver"] = Chromedi
driver =webdriver.Chrome(Chromedi)
driver.get("http://www.baidu.com")
# 最大化窗口
driver.maximize_window()
time.sleep(3)
values=['12306', ' 新梦想软件测试', 'python']
# 循环遍历 values 中的值
for value in values:
        driver.find_element_by_id("kw").send_keys(value)
        time.sleep(3)
        driver.find_element_by_id("su").click()
        # 打印页面标题
```

```
print(driver.title)
time.sleep(3)
# 清除文本内容
driver.find_element_by_id("kw").clear()
driver.back()
```

6.4 关键字驱动

关键字驱动测试是数据驱动测试的一种改进类型，它将测试逻辑按照关键字进行分解，形成数据文件，关键字对应封装的业务逻辑。关键字包括三类：被操作对象（Item）的操作（Operation）和值（Value），依据不同对象还有其他对应参数。关键字驱动的主要思想是：脚本与数据分离、界面元素名与测试内部对象名分离、测试描述与具体实现细节分离。

QTP、Robot Framework、Selenium IDE 等自动化工具就是典型的关键字驱动测试方法（填表格）。

关键字驱动测试方法把测试脚本的创建分成两个阶段：计划阶段和实现阶段。

6.4.1 计划阶段

分析应用程序，并决定哪些对象和操作会被测试过程使用，决定哪些操作需要使用个性化的关键字来提供额外的功能，从而完成清晰的业务操作，并且最大化提高测试的效率和可维护性。

6.4.2 实现阶段

创建对象库，对象库中每一个对象都能唯一对应被测试应用程序上的界面对象。开发业务层面的关键字和功能指令库，用于驱动测试应用程序的各项功能，实现自动化测试。

6.4.3 具体实现方法

在之前介绍数据驱动的时候，举例用列表的方式实现了参数化，循环读取了列表中的值并进行搜索。接下来介绍使用文件的方式来实现参数化。

读取 txt 文件实现参数化：用百度自动搜索，把需要搜索的内容放在 txt 文件中。

举例：在 C 盘根目录下新建一个文件 testsource.txt，内容如下：

```
12306
火车票
selenium
```

部分代码包括打开网站，在 txt 文件中读取测试数据，然后完成自动化测试。

```
from selenium import webdriver
import time
driver=webdriver.Chrome()
# 打开 C 盘目录下的 testsource.txt，并且设置编码形式为 utf-8
txt=open('c:/testsource.txt', 'r', encoding='utf-8')
```

```
# 读取文件内容
values=txt.readlines()
driver.get("http://www.baidu.com")
for value in values:
    # 去除读取文件的换行
    value=value.strip('\n')
    driver.find_element_by_css_selector("#kw").send_keys(value)
    driver.find_element_by_css_selector("#su").click()
    time.sleep(2)
    driver.back()
```

用只读的方式打开 c:/testsource.txt，为了防止里面出现中文导致乱码，可以在 open 函数中使用 encoding='utf-8'转码。

本章小结

本章主要介绍了自动化测试模型，分别讲解了线性测试模型、模块化与库模型、数据驱动模型、关键字驱动模型等。通过这些模型的介绍，让大家的编码从简单的线性脚本慢慢向框架过渡。同时掌握模块的业务封装、测试数据的分离等。

课后习题

1. 请问什么是自动化测试框架？
2. 使用测试框架的优点是什么？
3. 自动化测试框架有哪些类型？
4. 请编写禅道登录脚本，登录的账户和密码放在 txt 文件中。

第7章　UnitTest 单元自动化测试框架

学习目标

- 掌握 UnitTest 单元自动化测试框架使用流程
- 掌握 UnitTest 中常用的断言
- 掌握 HTMLTestRunner 测试报告的生成

本章在上一章框架的基础上继续深入，讲解 Python 自带的 UnitTest 单元测试框架的使用，介绍 UnitTest 的使用流程、断言的使用、测试用例执行套件的构建、HTMLTestRunner 自动化测试报告的生成。

7.1　Python 下 UnitTest 单元测试框架

熟悉 UnitTest 测试框架是后续使用 Python 进行自动化测试的基础，UnitTest 框架（又名 PyUnit 框架）为 Python 语言的单元测试框架。

UnitTest 测试框架使用步骤如下：

（1）用 import 语句引入 UnitTest 模块。

（2）让所有执行测试的类都继承于 TestCase 类，可以将 TestCase 类看成是对特定类进行测试的方法的集合。

（3）在 setUp()方法中进行测试前的初始化工作，在 tearDown()方法中执行测试后的清除工作，它们都是 TestCase 类中的方法。

（4）编写测试的方法最好以 test 开头（可以直接运行），如 def test_add(self) 、def test_sub(self)等，可以编写多个测试用例对被测对象进行测试。

（5）在编写测试方法过程中，使用 TestCase 类提供的方法测试功能点，如 assertEqual 等。

（6）调用 unittest.main()方法运行所有以 test 开头的方法。

7.1.1　一个 UnitTest 自动化用例

下面介绍一个 UnitTest 自动化用例，包括打开百度网站、在搜索框中输入内容、使用断言检查标题是否正确。

```
import unittest
```

```
import time
from selenium import webdriver

class test1(unittest.TestCase):
    def setUp(self):
        self.driver=webdriver.Chrome()
        self.driver.maximize_window()
        self.driver.implicitly_wait(10)
        self.driver.get("https://www.baidu.com")
    def tearDown(self):
        time.sleep(3)
        self.driver.quit()
    def testTitle(self):
        self.driver.find_element_by_css_selector("input#kw").send_keys("新
梦想软件测试")
        self.driver.find_element_by_css_selector("#su").click()
        time.sleep(3)
        title=self.driver.title
        self.assertEqual(title, "新梦想软件测试_百度一下")

if __name__=="__main__":
    unittest.main()
```

应用实例：我们将模拟计算器做加法运算。具体操作步骤如下：

（1）新建一个 calc.py 模块，里面封装一个加法运算函数 sum()。

（2）新建一个 test_case.py 测试模块，在里面编写 mytest()测试类，继承于 unittest.TestCase
类。

（3）在 mytest()测试类中添加前置 setUp()方法、后置 tearDown()方法。

（4）编写 test 打头的测试方法 testSum()。

（5）在测试方法 testSum()中添加断言。

（6）最后使用 unittest.main()运行所有 test 打头的测试方法。

代码 1：封装一个将二个数相加的函数，如图 7.1 所示。

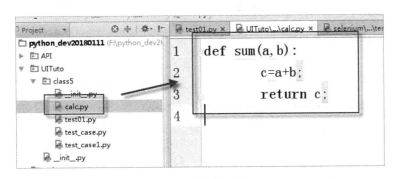

图 7.1　加法运算

代码 2：编写一个 UnitTest 测试类，调用已经封装的加法函数。代码如图 7.2 所示。

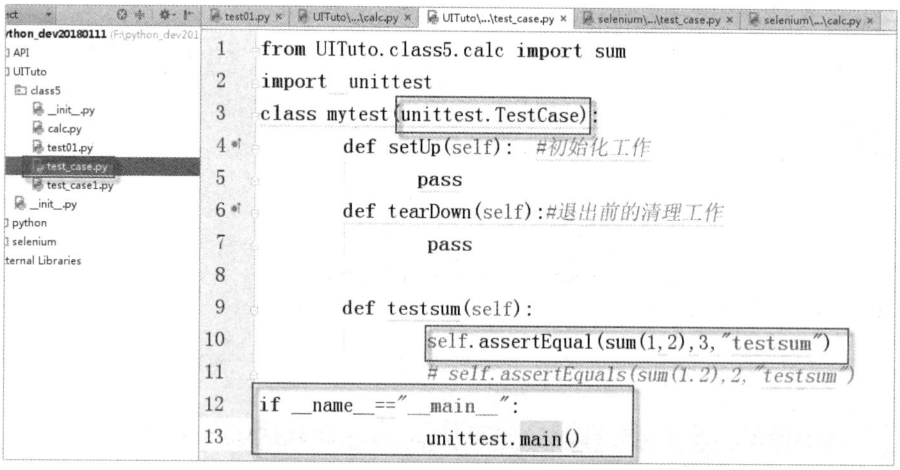

图 7.2 编写一个 UnitTest 测试类

我们也可以把代码放到一个 py 模块文件里面，具体代码如下：

```
def sum(a, b):
return a+b
#encoding: utf-8
import unittest #导入 UnitTest
import calc #导入被测模块
class mytest(unittest.TestCase):
    def setUp(self): #初始化工作
        pass
    def tearDown(self): #退出清理工作
        pass
    def testsum(self): #具体的测试用例，一定要以 test 开头
        self.assertEqual(calc.sum(1, 2), 2, "testing sum")

if __name__=="__main__":
    unittest.main()
```

7.1.2 UnitTest 中常用的 assert 语句

assert 语句就是断言，用于判断实际结果与预期结果是否一致。如果一致，会输出一个测试通过的测试结果；如果实际结果与预期结果不一致，表示测试失败。我们以 assertEqual(a, b) 等于断言为例来进行说明，assert 表示断言，Equal 是等于的意思，把预期结果、实际结果传给参数 a、b，代码后面的 a==b 是说明 assertEqual()的作用，判断二个参数是否相等。

```
assertEqual(a, b)   a == b
assertNotEqual(a, b)   a != b
assertTrue(x) bool(x) is True
assertFalse(x) bool(x) is False
assertIs(a, b)   a is b
assertIsNot(a, b)   a is not b
assertIsNone(x) x is None
```

```
assertIsNotNone(x)  x is not None
assertIn(a, b)   a in b
assertNotIn(a, b)   a not in b
assertIsInstance(a, b)   isinstance(a, b)
assertNotIsInstance(a, b) not isinstance(a, b)
assertGreater(a, b) a > b
assertGreaterEqual(a, b) a >= b
assertLess(a, b) a < b
assertLessEqual(a, b) a <= b
```

UnitTest 创建测试代码的方式有下列两种。

方式一：创建子类继承 unittest.TestCase，然后重写 runTest 方法。

```
class WidgetTestCase(unittest.TestCase):
    def setUp(self):
        pass
    def runTest(self):
        pass
    def tearDown(self):
        pass
```

方式二：编写以 test 开头的方法。

```
class WidgetTestCase(unittest.TestCase):
    def setUp(self):
        pass
    def test_xx1(self)
    def test_xx2(self)
    ...
    def test_xxN(self)
    def tearDown(self):
        pass
```

7.2　生成 HTMLTestRunner 测试报告

HTMLTestRunner 是 Python 标准库的 UnitTest 模块的一个扩展。它能生成易于使用的 HTML 报告。

在官网下载 HTMLTestRunner.py 文件。

将该文件保存在 Python 安装路径下的 lib 文件夹中。在文件中能 import HTMLTestRunner 成功，即配置成功。

提示

如果失败，在项目中新建一个这样的文件也是可以的，只要达到能引入和使用就行。

引入 HTML 报告后，执行测试用例的报告结果如图 7.3 所示。

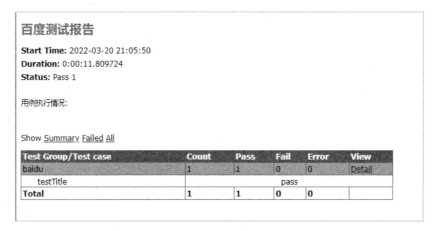

图 7.3　HTMLTestRunner 测试报告执行结果

生成测试报告的步骤如下：

（1）创建测试套件。

（2）把测试方法添加到套件中。

（3）处理好自动化生成的报告的文件名，加上日期和时间，避免覆盖。

（4）创建 HTMLTestRunner 对象，然后执行。

```python
if __name__=="__main__":
suite = unittest.TestSuite() #构建测试套件
suite.addTest(baidu("testTitle")) #把测试用例添加到套件
#定义报告存放的路径
now = time.strftime("%Y_%m_%d_%H_%M_%S", time.localtime(time.time()))
filename = 'F:\\python_selenium\\class5\\result\\'+now+'result.html'
fp = open(filename, 'wb')
runner = HTMLTestRunner.HTMLTestRunner(stream=fp, title="百度测试报告",
description="用例执行情况:") #自定义测试报告
runner.run(suite) #运行测试用例
fp.close()
```

为了避免后面生成的报告覆盖之前的报告，方便查看每次执行的报告，可在上面的代码中使用 now = time.strftime("%Y_%m_%d_%H_%M_%S"，time.localtime(time.time()))来获取每次生成报告时的时间，作为我们测试报告的名字，如图 7.4 所示。

图 7.4　测试报告

本章小结

本章主要讲解 Python 下的 UnitTest 单元测试框架，让大家掌握 Python+Selenium+

UnitTest+HTMLTestRunner 自动化框架的编写。通过批量执行自动化测试用例，自动生成测试报告。通过测试报告可以查看当前自动化用例的执行情况，看看哪些用例执行失败了，失败的原因是什么。

课后习题

1. UnitTest 测试框架的使用步骤有哪些？
2. 什么是断言？断言的作用是什么？
3. 简单说明 HTMLTestRunner 的作用。
4. 自己封装一个计算器 calc.py，创建一个用 test_case1.py 编写 UnitTest 测试用例的方法。
5. 用 UnitTest 框架，编写使用禅道提交 bug 的自动化测试脚本。

第 8 章　QTP 自动化测试

学习目标

- 了解 QTP 的主要特性和专业术语
- 掌握 QTP 实现自动化测试的原理和过程
- 掌握 QTP 脚本录制、回放功能
- 掌握检查点和参数化

当前，普通用户对软件的使用方式就是操作软件界面，因此，界面测试自然也成为软件测试的主要工作之一。大量的界面测试工作需求催生出了自动化界面测试工具，QTP 就属于比较早诞生的自动化界面测试工具之一。

8.1　QTP 概述

8.1.1　QTP 简介

QTP 全称为 Quick Test Professional，2012 年推出 11.5 版本时改名为 Unified Functional Testing(UFT)。其主要定位于软件界面的业务功能回归测试。该产品最先于 1998 年由 Mercury 公司研发，后几经辗转，目前属于 Micro Focus 公司旗下。

8.1.2　QTP 主要功能和特征

QTP 的主要功能如下：

1. 实现对 Windows 和浏览器界面操作的自动化脚本创建功能。
2. 实现对自动化脚本的维护、修改功能。
3. 实现对自动化脚本的运行及调试功能。
4. 实现对自动化脚本运行之后的预期结果判定功能。

8.1.3　QTP 自动化测试流程

为了让初学者更好地使用 QTP，我们把 QTP 自动化测试步骤划分为 5 步，具体如下：
（1）定制测试计划。
（2）创建测试脚本。
（3）增强测试脚本功能。

（4）运行测试。

（5）分析测试结果。

其过程如图 8-1 所示。

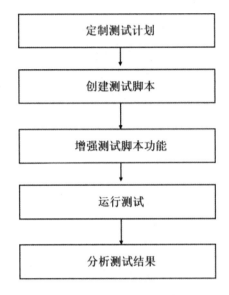

图 8-1　QTP 自动化测试步骤

8.1.4　QTP 的工作原理——对象识别机制

QTP 能够进行自动化测试的关键技术就在于其对象识别机制，这里的对象就是指被测界面的控件对象。QTP 自身拥有一套容量庞大的分类型系统对象仓库，在系统对象仓库的各种类型中，首先存在一个通用对象子仓库，该子仓库能够适配各种通用的控件对象。然后是针对不同开发语言或平台的分类型对象子仓库，这些对象子仓库往往需要安装相应独立的插件，才能让 QTP 支持其对象。各种类型的对象子仓库汇集在一起使得 QTP 能够对市面上大多数的图形界面及对象进行识别。在系统对象仓库中，收集了各种对象的详细信息，包括其属性和方法，QTP 同时也支持用户修改、维护或建立自己的对象仓库。正是因为这样的设计架构和原理，使得 QTP 能够很灵活地进行对象扩充、升级和自定义，以便于增强其识别被测对象的能力。

测试人员在 QTP 中创建一个名为 Test 的测试单元，保存用 VBScript 语言录制的对界面操作的脚本，并建立一个该 Test 的独立对象仓库。在测试人员对被测程序的操作过程中，被操作的对象将与对象仓库的对象进行匹配，无论匹配是否成功，都将被操作的对象的信息放入到当前 Test 的对象仓库中。

QTP 建立、识别对象的过程如下：

（1）获取被操作对象的属性信息。

（2）将对象与系统对象仓库进行匹配，匹配成功则直接从系统对象仓库复制对象信息。

（3）使用唯一的对象名在对象仓库中记录该对象。

（4）将对象的全部属性信息存放在 Test 对象仓库中。

（5）标识关键属性信息。

（6）在脚本中记录对象名称和相应的动作。

创建 Test 脚本之后，其回放过程就是运行自动化脚本实现自动测试的过程，其具体步骤如下：

（1）从脚本中获取对象名称。

（2）在对象仓库中定位对象，并获取其关键属性。

（3）根据关键属性信息在被测应用中定位对象。

（4）根据脚本中录入的动作执行相应的操作。

以上 Test 的自动化脚本在运行时将实际被测的对象与 Test 对象库的对象进行比对，比对成功则允许脚本执行，否则脚本出错，报告比对不成功。

8.2　QTP 使用

8.2.1　界面概述

QTP 操作界面如图 8-2 所示，各版本界面有一定差异，但实质区别不大。

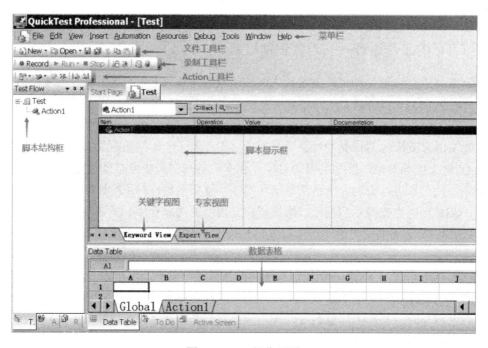

图 8-2　QTP 操作界面

在图 8-2 中，菜单和各工具栏基本涵盖了 QTP 中所有的功能。工具栏是辅助菜单栏的，最常用的功能在工具栏中都有对应图标，这大大加强了 QTP 最常用功能操作的便利性。"脚本显示框"中的"关键字视图"和"专家视图"显示的是自动化脚本，此处是脚本和关键字对象的显示、设置、维护区域。"数据表格"是脚本进行参数化的数据。

8.2.2　脚本录制

进行测试的第一步是手工对被测目标进行操作，QTP 将操作过程录制下来形成自动化脚本。过程如下：

（1）在图 8-3 中单击 New 按钮新建一个 Test。

图 8-3　单击 New 按钮

（2）之后在图 8-4 中单击 Record 按钮开始录制。

图 8-4　单击 Record 按钮

（3）在弹出的界面中选择 Web 或 Windows Applications 选项，再单击"确定"按钮。

（4）此时系统会进入录制状态，对被测界面的操作都将被 QTP 用 VBScript 脚本录制下来，并形成 Test 对象仓库。

8.2.3　脚本回放

通过单击如图 8-5 所示中的 Run 按钮回放录制好的脚本。回放就是执行脚本，让被测软件按脚本自动化运行测试。

图 8-5　单击 Run 按钮

单击 Run 按钮会弹出如图 8-6 所示的运行界面，提示测试结果保存在何处。回放之后的测试结果默认会存放在 Test 脚本所在目录的 Res 子目录下。每回放一次创建一个"Res"加上运行次数的目录，如第一次回放测试结果存放在 Res1 目录下，第二次回放测试结果存放在 Res2 目录下，如此类推。

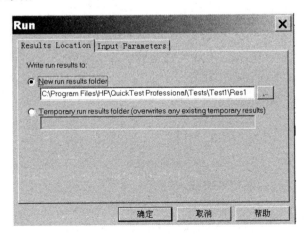

图 8-6　设置结果存放位置

单击图8-6中的"确定"按钮后，会弹出如图8-7所示的提示框，提醒测试人员当前没有安装脚本调试工具，脚本回放将不能采用慢速回放模式。

图8-7　提示框

单击图8-7中的"确定"按钮，则脚本会以快速模式回放，回放过程中由QTP按脚本自动完成被测软件的测试操作过程，从而实现了自动化测试。

8.2.4　检查点

什么是检查点（Checkpoint）？检查点是将指定属性的实际运行结果与该属性的期望值进行比较检查的验证技术，相当于开发编程中的断言。其目的就是检查软件的实际结果与预期结果是否一致，以确定软件测试运行结果的正确性。

按照需要检查内容的不同，QTP检查点主要分为如下类型：

- **Standard Checkpoint（标准检查点）**：检查对象的通用属性值，例如：检查某单选按钮是否为选中状态。
- **Bitmap Checkpoint（位图检查点）**：将网页或者窗口上的一部分区域以图像的形式捕获下来，然后判断画面是否正确。
- **Table Checkpoint（表格检查点）**：检查网页中表格里的信息，例如：表格内单元格的内容是否正确。
- **Text/Text Area Checkpoint（文本/文本区域检查点）**：检查网页或窗口上的文字信息是否正确，例如：检查预期的文字是否显示在网页或对话框上的预期位置。
- **Database Checkpoint（数据库检查点）**：检查数据库的内容是否正确，例如：数据库中的查询结果是否正确。
- **XML Checkpoint（XML检查点）**：检查XML文件的内容与预期是否一致。
- **Accessibility Checkpoint（可访问性检查点）**：检查网页中的属性是否与预期一样，从而用来判定网页是否成功打开到预期程度。例如：可以添加"Alt"属性值检查，以检查该"Alt"属性值来判断该网页是否已经打开到预期程度。

使用检查点的具体操作如下：

1. 确定被检查对象。
2. 确定检查点的位置：确定需要插入检查的位置是在某个步骤的前面或后面。
3. 插入检查点：在录制过程中或录制之后均可插入检查点。
4. 执行菜单Insert下的Checkpoint命令，如图8-8所示。

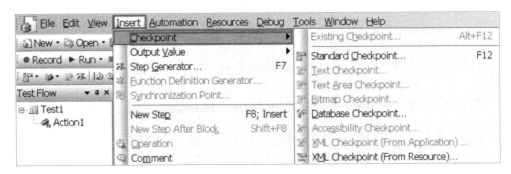

图 8-8　添加检查点

5. 在如图 8-8 所示的 Checkpoint 子项中选择需要的检查点。

6. 选择检查点之后，在如图 8-9 所示的对话框中选择是在当前步骤的前面还是后面设置检查及检查的预期结果、检查的超时时间。

图 8-9　进行预期结果设置

8.2.5　参数化

　　什么是参数化？初始录制形成脚本中的数据就是录制过程中人工操作的数据，都是常量。如果自动化测试需要回归不同的数据，甚至回归多条不同的数据，就需要将脚本中的常量数据替换成变量，这样能够让数据动态变化，能够从文件或数据库等来源取材。

　　参数化按照数据的来源方式分为如下类型：

- **Data Table 参数**：使用 Data Table 中定义的数据作为参数。
- **环境变量参数**：使用系统环境变量，如系统用户列表、操作系统名称等作为参数。
- **随机数参数**：使用一个随机数作为参数。

设置参数化的操作步骤如下：

1. 在脚本框中相应的代码行选择需要参数化的数据，单击其在 Value 列对应的单元格，如图 8.10 中的①所示。

2. 单击后单元格中会出现一个<#>按钮（如图 8-10 所示），单击该按钮。

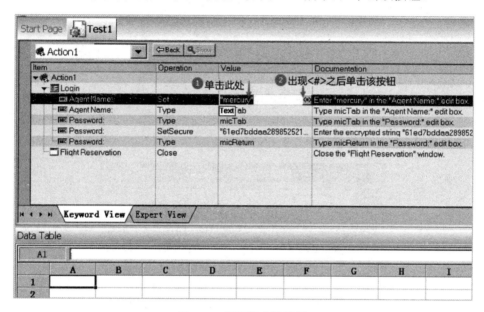

图 8-10　随机数参数设置

3. 在弹出的窗口中选中"Parameter"选项，在下拉框中选择参数类型；在 Name 框中输入参数化的变量名称，然后选择参数化的变量是全局变量还是局部变量，如图 8-11 所示。单击 OK 按钮完成参数化工作。

图 8-11　参数化设置

参数化设置完成之后的效果如图 8-12 所示。

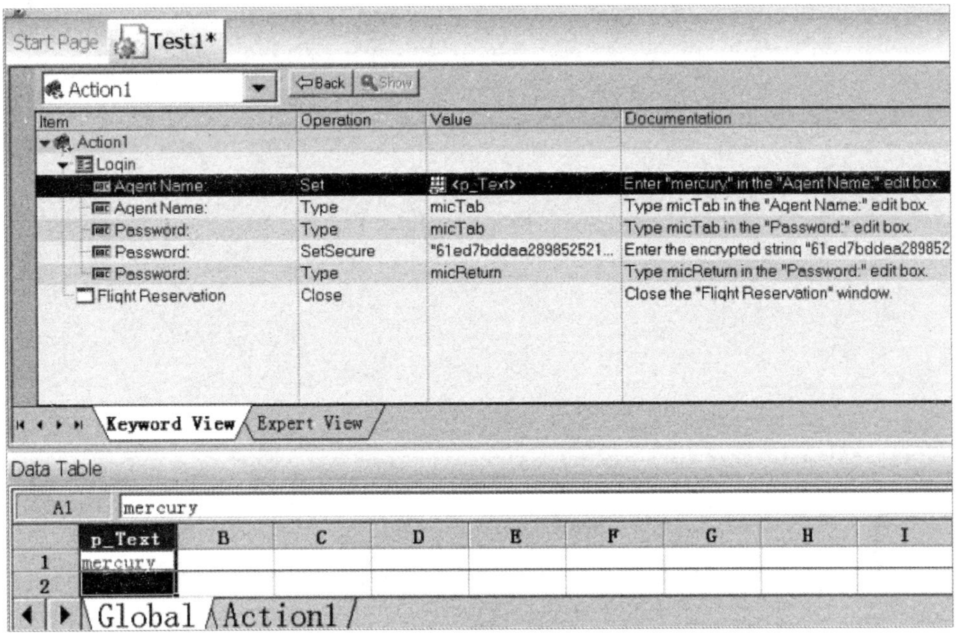

图 8-12　参数化设置完成之后的效果

设置参数化注意的事项：

- 注意修正受到参数化影响的测试步骤。
- 参数数据来源的选择。
- 参数化变量全局类型和局部类型的差异。

本章小结

QTP 是一种关键字驱动的自动化界面功能测试工具，其功能强大，对 Windows 窗体、Web 页面程序都有较好的支持。QTP 能智能、快速形成自动化脚本，易于维护和扩充。

课后习题

1. 录制飞机票订票系统，形成登录、订票、修改、发传真、退出五个 Test。
2. 回放以上脚本，并确认能成功回放。
3. 对以上 Test 分别进行参数化设置。
4. 对以上参数化脚本增加检查点，以检查各用例的结果是否符合预期。
5. 观察以上回放结果，分析出现的原因。

第 3 部分　性能测试部分

第 9 章　性能测试

学习目标

- 了解性能测试的概念
- 熟悉性能测试的流程
- 掌握性能测试的指标和术语

性能测试是一种非功能软件测试技术，能够确定应用程序在给定工作负载下的稳定性、速度、可伸缩性和响应能力。随着互联网的发展，人们对软件产品的性能要求越来越高，例如软件产品要足够稳定、响应速度要足够快，在用户量、工作量较大时也不会出现崩溃或卡顿等现象，所以性能测试是确保软件质量的关键步骤。

9.1　性能测试概述

9.1.1　性能测试概念

性能测试是指通过特定方式，对被测系统按照一定策略施加压力，获取系统响应时间、吞吐量、TPS（Transaction Per Second）、资源利用率等性能指标，以期保证生产系统的性能能够满足用户需求的过程。性能测试一般是指大数据量的测试。

性能测试在软件的质量保证中起着重要的作用，它包含的测试内容丰富多样。性能测试一般概括为三个方面：①应用在客户端性能的测试；②应用在网络上性能的测试；③应用在服务器端性能的测试。通常情况下，三方面如能有效、合理地结合，就可以实现对系统性能的全面的分析以及对瓶颈的预测。

1. 客户端性能测试

应用在客户端性能测试的目的是考察客户端应用的性能，测试的入口是客户端。它主要包括并发性能测试、疲劳强度测试、大数据量测试和速度测试等，其中并发性能测试是重点。

2. 网络端性能测试

应用在网络上性能的测试重点是利用成熟先进的自动化技术进行网络应用性能监控、网络应用性能分析和网络应用性能预测。

3. 服务端性能测试

对于应用在服务器上性能的测试，可以采用工具监控，也可以使用系统本身的监控命令，例如在 Tuxedo 中可以使用 Top 命令监控资源使用情况。实施测试的目的是实现服务器设备、服务器操作系统、数据库系统、应用在服务器上性能的全面监控。

进行性能测试的主要目的是验证软件系统是否能够达到用户提出的性能指标，同时发现软件系统中存在的性能瓶颈，优化软件，最后起到优化系统的目的。

性能测试的目的包括以下几个方面：

①客户有明确要求，如系统要求同时满足 100 个用户登录，平均每个用户登录时间不能超过 5 秒。

②考察目前系统性能（容量测试），需要对系统做出分析，找出系统的压力点。

③找出系统性能瓶颈，需要分析可能对系统造成瓶颈的逻辑业务，然后才能进行性能测试。

④了解系统在长时间的压力下的性能状况（强度测试）。

9.1.2　性能测试环境

测试环境的设计在性能测试过程中是非常重要的，好的测试环境下的测试结果能真实反映系统实际运行时的状况，为性能测试人员提供有用的信息，进而促进应用系统质量的提高，这也是我们进行性能测试的目的。但是不同的行业应用，不同的质量目标，都可能会影响到测试环境的规划。但从测试工作自身的要求来看，在理想的情况下，所有的测试都应该尽量模拟真实的运行环境。

在进行性能测试前，就需要完成性能测试环境的搭建工作，这些工作包括硬件环境、软件环境及网络环境的搭建。

- **硬件环境**：被测服务器硬件配置，用于加压客户端的机器配置、CPU、内存等。
- **软件环境**：被测系统的架构，前端、中间件、服务器（这里指运行系统软件的服务器，如 Tomcat）数据库、测试环境部署信息以及性能测试工具信息。
- **网络环境**：在局域网下进行其他性能测试，可以在广域网环境下进行寻找系统性能瓶颈的工作，排除网络干扰。

在这里需要强调的是性能测试的环境要独立于功能测试环境，一般在没有其他干扰被测系统的情况下，进行性能测试。性能测试一般在功能测试稳定的前提下进行；修改性能测试问题的时候容易造成功能错误。

9.2　性能测试流程

性能测试与普通的功能测试目标不同，因此其测试流程与普通的测试流程也不相同，虽然性能测试也遵循需求分析→测试计划制定→测试用例设计→测试执行→编写测试报告等基本过程，但在实现细节上，性能测试有单独的一套流程。具体的性能测试流程如图 9-1 所示。

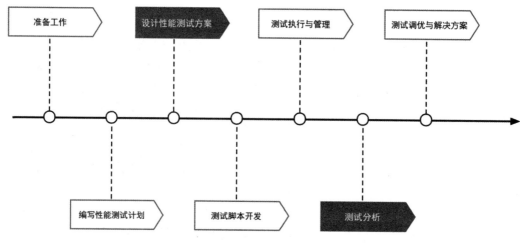

图 9-1 性能测试流程

图 9-1 所示的是性能测试的一般测试流程，下面将分步骤介绍性能测试过程的关键点。

9.2.1 准备工作

1. 系统基础功能验证

一般情况下，只有在系统基础功能测试验证完成、系统趋于稳定的情况下，才会进行性能测试，否则性能测试是无意义的。

2. 测试团队组建

根据该项目的具体情况，组建一个由几人组成的性能测试组，其中 DBA 是必不可少的，然后需要一名以上的系统开发人员（对应前端、后台等），还有性能测试设计和分析人员、脚本开发和执行人员；在正式开始工作之前，应该对脚本开发和执行人员进行一些培训，或者由具有相关经验的人员负责。

3. 工具的选择

要对系统设计、工具成本、测试团队的技能综合考虑，选择合适的测试工具，最起码应该满足以下几点：

（1）支持对 Web（这里以 Web 系统为例）系统的性能测试，支持 HTTP 和 HTTPS 协议。

（2）工具的运行平台必须是公司常用的平台。

（3）支持对 WebServer、前端、数据库的性能计数器进行监控。

4. 预先的业务场景分析

对系统较重要和常用业务场景模块进行详细分析，以对接下来的测试计划做好准备。

9.2.2 编写性能测试计划

性能测试计划是性能测试工作中的重中之重，整个性能测试的执行都要按照测试计划进行。在性能测试计划中，核心内容主要包括以下几个方面。

1. 性能测试领域分析

根据对项目背景、业务的了解，确定本次性能测试要解决的问题点；测试系统能否满足实际运行的需要，目前的系统在哪些方面会制约系统性能的发挥，或者哪些因素导致系统无法跟上业务发展的需要？确定好测试领域，然后具体问题具体分析。

2. 用户场景剖析和业务建模

根据对系统业务、用户活跃时间、访问频率、场景交互等各方面的分析，整理一个业务场景表，当然最好能对用户操作场景、步骤进行详细的描述，为测试脚本开发提供依据。

3. 确定性能目标

前面已经确定了本次性能测试的应用领域，接下来就是针对具体的领域关注点，确定性能目标（指标）；当然这些指标还需要和其他业务部门进行沟通协商，以及结合当前系统的响应时间等数据来进行确认。

最终确定需要达到的响应时间和系统资源使用率等目标。举例如下：

（1）登录请求到登录成功的页面响应时间不能超过 2 秒。

（2）报表审核提交的页面响应时间不能超过 5 秒。

（3）文件的上传、下载页面响应时间不超过 8 秒。

（4）服务器的 CPU 平均使用率小于 70%，内存平均使用率小于 75%。

（5）记录各个业务系统的响应时间和服务器资源在不同测试环境下的使用情况，各指标随负载变化的情况等。

4. 制定测试计划的实施时间

预设本次性能测试各子模块的起止时间，产出情况，参与人员等。

9.2.3 设计性能测试方案

对产品业务、用户使用场景进行分析，设计符合用户使用习惯的场景，整理出合理的性能测试方案，为后面编写性能测试脚本提供依据。

1. 测试环境设计

本次性能测试的目标除需要验证系统在实际运行环境中的性能外，还需要考虑不同的硬件配置是否会是制约系统性能的重要因素。因此在测试环境中，需要部署多个不同的测试环境，在不同的硬件配置下检查应用系统的性能，并对不同配置下系统的测试结果进行分析，得出最优结果（最适合当前系统的配置）。

这里所说的配置大概分如下几类：

（1）数据库服务器。

（2）应用服务器。

（3）负载模拟器。

（4）软件运行环境及平台。

可以根据系统的运行预期来确定测试环境及测试数据，例如需要测试的业务场景，数据多久执行一次备份转移，该业务场景涉及哪些表，每次操作数据怎样写入，写入几条，需要多少测试数据来使得测试环境的数据保持一致性等。

可以在首次测试数据生成时，将其导出到本地保存，在每次测试开始前导入数据，保持一致性。

2. 测试场景设计

通过和业务部门沟通以及以往用户的操作习惯，来确定用户操作习惯模式和不同的场景用户数量、操作次数，并确定测试根据指标进行性能监控等。

3. 测试用例设计

确认测试场景后，在系统已有的操作描述上，进一步为可映射为脚本的测试用例进行描述的完善。用例的大概内容如表 9.1 所示。

表 9.1　用例的大概内容

用例编号	查询表单_xxx_x1（命名以业务操作场景为主，简洁易懂即可）
用例条件	用户已登录、具有对应权限等……
操作步骤	（1）进入对应页面 ……
	（2）查询相关数据 ……
	（3）勾选导出数据 ……
	（4）修改上传数据 ……

9.2.4　测试脚本开发

性能测试方案制定完成以后，可以结合方案中性能测试用例的描述，然后根据公司的实际情况完成测试脚本的制作。

如果公司有接口设计文档，那么只需要把测试用例中需要用到的接口通过接口文档提供的信息录入到性能测试工具即可。否则就需要利用录制工具进行录制，或者结合抓包工具抓取接口再手工编写脚本。

在性能测试工具中完成测试脚本后，需要对性能测试脚本进行调试操作，如脚本的关联、参数化设置、检查点设置、脚本逻辑设置等。

9.2.5　测试执行与管理

在这个阶段，测试人员按照测试计划执行性能测试脚本，并对测试过程进行严密监控，记录各项数据的变化。在性能测试执行过程中，测试人员按照以下流程进行。

1. 建立测试环境

按照之前已经设计好的测试环境，部署对应的环境，由运维或开发人员进行部署和检查，并仔细调整，同时保持测试环境的干净和稳定，不受外来因素影响。

2. 测试数据准备

可以利用测试脚本自动生成业务测试数据、利用工具生成数据或者导入生产环境的业务数据等方式进行测试数据的准备。

3. 执行测试脚本

这一点比较简单，在已部署好的测试环境中，按照业务场景和编号，按顺序执行已经设计好的测试脚本。

4. 测试结果记录

根据测试所采用工具的不同，结果的记录也有不同的形式。现在大多数的性能测试工具都能提供比较完整的界面图形化的测试结果，当然，对于服务器的资源使用等情况，可以利用一些计数器或第三方监控工具来对其进行记录，执行完测试后，再对结果进行整理分析。

9.2.6　测试分析

性能测试完成之后，测试人员需要收集整理测试数据并对数据进行分析，将测试数据与客户要求的性能指标进行对比，若不满足客户的性能要求，需要进行性能调优然后重新测试，直到产品性能满足客户需求为止。

在测试分析的过程中，我们主要从系统性能、硬件设备、其他影响因素方面进行分析。

1. 系统性能分析

根据我们之前记录得到的测试结果（图表、曲线等），经过计算，与预定的性能指标进行对比，确定是否达到了需要的结果。如未达到，查看具体的瓶颈点，然后根据瓶颈点的具体数据，进行具体分析（影响性能的因素很多，这一点可以根据经验和数据表现来判断分析）。

2. 硬件设备对系统性能表现的影响分析

由于之前设计了几个不同的测试环境，故可以根据不同测试环境的硬件资源使用状况图来进行分析，确定瓶颈在哪里，是数据库服务器、应用服务器还是其他方面的问题，然后针对性地进行优化等操作。

3. 其他影响因素分析

影响系统性能的因素很多，可以从用户能感受到的场景进行分析，知道哪里比较慢，哪里速度尚可。这里可以根据 2\5\8 原则对其进行分析。

9.2.7　测试调优与解决方案

性能测试调优是为了改善系统某些方面的性能而对系统软件或硬件进行的修改，在性能测试中发现的问题，通常由性能测试人员、DBA、系统管理员、开发人员共同来解决，从而使得系统最终满足客户的要求。

1. 确定问题

- **应用程序代码**：在通常情况下，很多程序的性能问题都是由代码编写不当引起的，因此对于发现瓶颈问题的模块，应该首先检查一下代码。
- **数据库配置**：经常引起整个系统运行缓慢，一些诸如 Oracle 的大型数据库都是需要 DBA 进行正确的参数调整才能投产的。
- **操作系统配置**：不合理就可能引起系统瓶颈问题。
- **硬件设置**：硬盘速度、内存大小等都是容易引起瓶颈问题的原因，因此这些都是分析的重点。
- **网络**：网络负载过重导致网络冲突和网络延迟。

2. 确定问题产生的原因

当确定了问题之后，我们要明确这个问题影响的是响应时间、吞吐量，还是其他问题？是多数用户还是少数用户遇到了问题？如果是少数用户，那么要看这几个用户与其他用户的操作有什么不用？系统资源监控的结果是否正常？CPU 的使用是否到达极限？I/O 情况如何？问题是否集中在某一类模块中？是客户端还是服务器出现的问题？系统硬件配置是否够用？实际负载是否超过了系统的负载能力？是否未对系统进行优化？

通过这些分析，可以对系统瓶颈有更深入的了解，进而分析出真正的原因。

3. 确定调整目标和解决方案

一般由性能测试团队中的 DBA、核心开发、运维人员根据测试的实际情况进行确认，并给出详细的解决方案进行评审，比如添加服务器方式、调整代码架构等。

4. 测试解决方案

对通过解决方案调优后的系统进行基准测试。基准测试是指通过设计科学的测试方法、测试工具和测试系统，实现对一类测试对象的某项性能指标进行定量的和可对比的测试。

5. 分析调优结果

系统调优是否达到或者超出了预定目标，系统是整体性能得到了改善，还是这次调优仅解决了系统某部分的性能，等等，根据情况决定调优是否可以结束。

9.3 性能测试指标分析和定义

性能测试不同于功能测试，功能测试只要求实现软件的功能即可，而性能测试是测试软件功能的执行效率是否能达到要求。例如某个软件具备查询功能，功能测试只测试查询功能是否能实现，而性能测试却要求查询功能足够准确、足够快速。但是，对于性能测试来说，多快的查询速度才算快，什么样的查询结果才算准确是很难界定的，因此，需要一些指标来量化这些数据。

不同的被测对象，不同的业务需求，可能有不同的指标需求。但大多数测试需求中都包含并发用户数、响应时间、吞吐量、TPS 等，下面分别进行介绍。

9.3.1　并发用户数

并发，即为同时出发，从应用系统架构层面来看，并发指单位时间内服务器接收到的请求数。客户端的某个具体业务行为一般包括了若干个请求，并发数被抽象理解为客户端单位时间内发送给服务器端的请求，而客户端的业务请求一般为用户操作行为，因此并发数也可理解为并发用户数，而这些用户是虚拟的，又可称为虚拟用户数。

广义来讲，并发数是单位时间内同时发送给服务器的业务请求数，不限定具体业务类型。狭义来看，并发数是单位时间内同时发送给服务器的相同的业务请求数，需限定具体业务类型。在性能测试实施过程中需注意二者的区别。

9.3.2　响应时间

响应时间（Response Time）是指系统对用户请求做出响应所需要的时间。这个时间是指用户从软件客户端发出请求到用户接收到返回数据的整个过程所需要的时间，包括各种中间件（如服务器、数据库等）的处理时间，如图 9-2 所示。

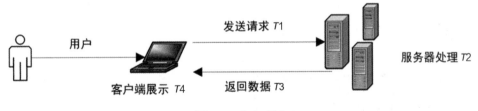

图 9-2　响应时间

在图 9-2 中，系统的响应时间为 $T1+T2+T3+T4$。响应时间越短，表明软件的响应速度越快，性能越好。但是响应时间需要与用户的具体需求相结合，例如火车票的订票查询功能能响应时间一般在 2s 内就可以完成，而在网站下载电影时，几分钟完成下载的速度就已经很快了。

系统的响应时间会随着访问量的增加、业务量的增长而变长。一般在性能测试时，除测试系统的正常响应时间是否达到要求外，还会测试在一定压力下系统响应时间的变化。

9.3.3　吞吐量

吞吐量（Throughput）是指单位时间内系统能够完成的工作量，它衡量的是软件系统服务器的处理能力。吞吐量的度量单位可以是请求数/秒、页面数/秒、访问人数/天、处理业务数/小时等。

吞吐量是软件系统衡量自身负载能力的一个很重要的指标，吞吐量越大，系统单位时间内处理的数据越多，系统的负载能力就越强。

例如：1 分钟（60s）内系统可以处理 1000 次转账交易，则吞吐量为 1000 次/60s=16.7 次/s。

9.3.4 TPS

TPS（Transaction Per Second）是指系统每秒钟能够处理的事务或者交易的数量，它是衡量系统处理能力的重要指标，该指标值越大越好。一般情况下，用户业务操作过程可能细分为若干个事务，单位时间处理的事务数越多，说明服务器的处理能力越强。

9.3.5 资源使用率

资源使用率是指软件对系统资源的使用情况，系统资源包括 CPU、内存、磁盘、网络带宽等。资源利用率是分析软件性能瓶颈的重要参数。例如某一个软件，预期同时最大访问量为 10 万人次，但是当达到 6 万人次访问量时内存使用率就已经达到 80%，限制了访问量的增加，此时就需要考虑软件是否存在内存泄漏等缺陷了，从而进行优化。

本章小结

本章主要介绍了性能测试的基本知识，包括性能测试的目的、基本概念、常用的术语、性能测试流程等，同时我们明白了性能好坏需要看响应时间。功能测试是检查能不能用的问题，而性能测试是测试服务器响应的快慢问题，响应时间越短，服务器性能越好。

课后习题

1. 什么是性能测试？
2. 性能测试的目的是什么？
3. 请写出性能测试流程，并简单说明。
4. 什么是请求响应时间？什么是事务响应时间？两者有什么区别？
5. 请整理功能测试与性能测试的联系与区别。

第 10 章　LoadRunner 性能测试

学习目标

- 掌握 LoadRunner 的部件构成
- 掌握 LoadRunner 的环境搭建
- 掌握 LoadRunner 的运行过程
- 掌握 LoadRunner 的脚本场景设置

LoadRunner（简称 LR）最初是由 Mercury 公司开发的一款性能测试工具，2006 年被惠普（HP）公司收购。LoadRunner 是一款适用于各种体系架构的性能测试工具，它能预测系统行为并优化系统性能，其工作原理是通过模拟多用户（虚拟用户）并行工作的环境来对应用程序进行负载或压力测试的。在进行测试时，LoadRunner 能够使用最少的硬件资源为模拟出来的虚拟用户提供一致的、可重复的并可度量的负载，在测试过程中监控用户想要的数据和参数。测试完成后，LoadRunner 可以自动生成分析报告，给用户提供软件产品所需要的性能指标信息。

10.1　LoadRunner 的构成和测试过程

10.1.1　LoadRunner 由五大部件构成

1. LoadRunner Agent

LoadRunner Agent（LoadRunner 用户代理）是 LR 进行性能测试的前置组件，必须启动。其主要负责监听、捕获性能测试客户端向服务器发起的用户请求及服务器的响应。

2. Vuser Generator（VuGen）

VuGen 是虚拟用户生成器，是自动产生性能测试脚本的部件，其根据用户代理的捕获信息来自动生成测试脚本。在创建脚本时，VuGen 会生成多个函数用于记录虚拟用户所执行的操作，并将这些函数插入 VuGen 编辑器中生成基本的虚拟用户脚本，并提供修改维护脚本的环境。

3. Controller

Controller（场景控制器）是整个性能测试场景中用于创建设计、修改、保存、维护、运行及控制的部件。其还承担了场景运行中的由用户代理反馈数据的展示、监控,还能设置性能指标、多机联合、集合点策略等。

4. Load Generator

Load Generator(负载生成器)根据控制器的设置调用 VuGen 的脚本,来产生实际场景需要的性能测试负载脚本。

5. Analysis

Analysis(性能分析器)可从 Controller 中收集运行后的数据,并生成统计分析、数据结果分类、图形报表和测试报告。

其中部件 LoadRunner Agent 和部件 Load Generator 一般都是自动运行和在多机负载时设置的,普通测试人员并不关注,所以不少资料书籍只介绍 LR 的三大部件。

10.1.2 LoadRunner 测试过程

(1)手工制定负载测试计划(文档)。
(2)开启 LoadRunner Agent(一般自动开启)。
(3)在 VuGen 上开发测试脚本(形成代码)。
(4)在 Controller 上创建场景(可保存为场景控制文件)。
(5)在 Controller 上运行、控制、监视场景,运行中会调用 Load Generator 产生负载。
(6)在 Analysis 中分析测试结果、生成测试报告。

10.1.3 LoadRunner 环境搭建

读者可以从 LoadRunner 官网上下载 LoadRunner 安装包。本书选择 LoadRunner 11 进行安装和使用。LoadRunner 安装步骤如下所示。
(1)双击 setup.exe 安装文件,如图 10-1 所示。

名称	类型	大小
Additional Components	文件夹	
dat	文件夹	
dat_chs	文件夹	
dat_jpn	文件夹	
dat_kor	文件夹	
lrunner	文件夹	
autorun.inf	安装信息	1 KB
install.pdf	Foxit Reader PD...	692 KB
readme.html	HTML 文档	1 KB
setup.exe	应用程序	47 KB

图 10-1 LoadRunner 文件目录

(2)在出现的如图 10-2 所示的界面中,单击"LoadRunner 完整安装程序"选项。

图 10-2　LoadRunner 安装初始界面

（3）在出现的如图 10-3 所示的界面中，单击"确定"按钮，等待所有组件全部安装完成，然后进入如图 10-4 所示的提示框。

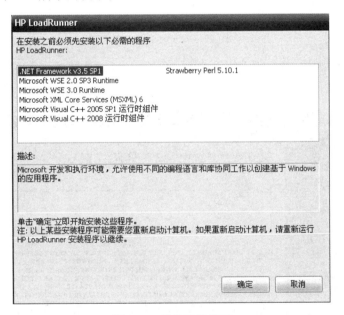

图 10-3　组件安装界面

（4）在如图 10-4 所示提示框中，单击"否"按钮。

图 10-4　提示框

（5）在出现的如图 10-5 所示的界面中，单击"下一步"按钮。

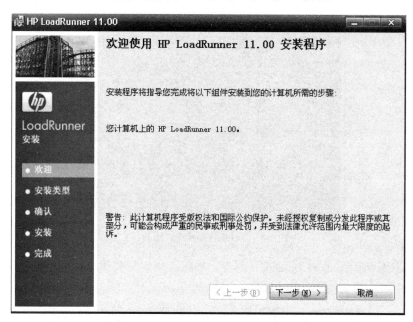

图 10-5　安装引导界面

（6）在出现的如图 10.6 所示的界面中，先选中"我同意"单选按钮，然后再单击"下一步"按钮。

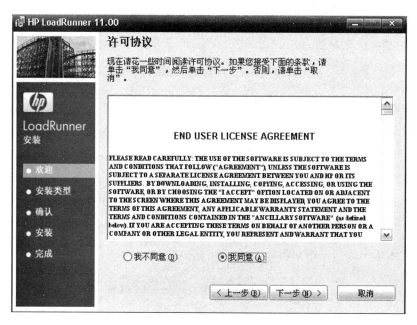

图 10-6　许可协议界面

（7）在出现的如图 10-7 所示的界面中，单击"下一步"按钮。

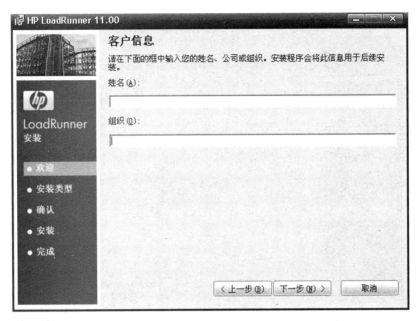

图 10-7　客户信息

（8）在出现的如图 10-8 所示的界面中，默认的安装路径是在 C 盘上，单击"浏览"按钮可以更改安装路径。本书选择默认路径，然后单击"下一步"按钮，进入确认安装界面。

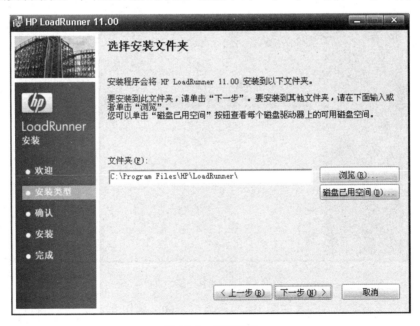

图 10-8　安装设置

（9）在出现的如图 10-9 所示的界面中，单击"下一步"按钮，进入如图 10.10 所示的正在安装界面。

图 10-9　确认安装

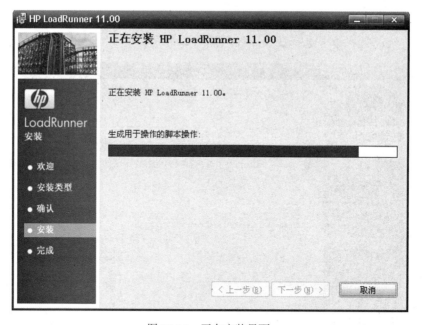

图 10-10　正在安装界面

（10）等待安装完成后进入如图 10-11 所示的界面，单击"完成"按钮将进入如图 10-12 所示的软件主界面，至此安装全部完成。

图 10-11　安装完成

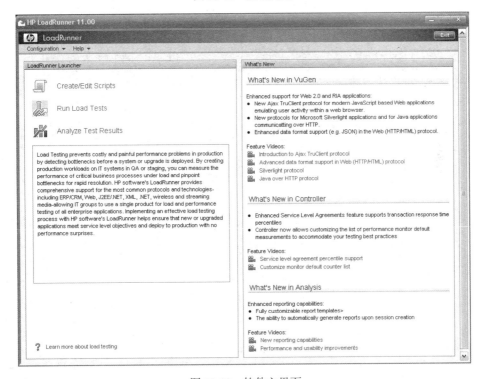

图 10-12　软件主界面

10.2　LoadRunner 创建脚本

本次测试使用的是 LoadRunner 自带的测试项目，它是一个以本机作为服务器的航班订票管理系统 WebTours，可以在这里预订机票、查询订单、改签机票等。按图 10-13 所示启动该系统。

图 10-13 启动订票服务

访问订票系统，在图 10-13 中单击"HP Web Tours Application"选项，然后进入到如图 10-14 所示的 Web Tours 订票系统，后续的案例都是建立在该系统上的实战。

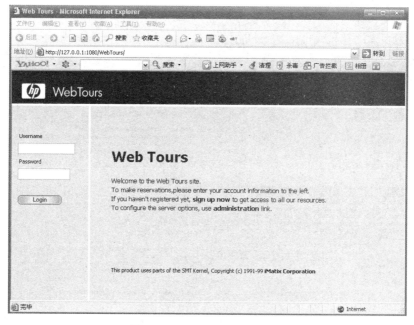

图 10-14 Web Tours 订票系统

10.2.1 性能测试事务

事务（Transaction）是在脚本中定义的某些操作（Action），即一段脚本语句。当脚本运行时，LoadRunner 会自动在事务的起始点开始计时，脚本运行到事务的结束点时结束计时。

LoadRunner 事务有下列四种状态，在默认情况下使用 LR_AUTO 来作为事务状态。

- **LR_AUTO**：是指事务的状态由系统自动根据默认规则来判断，结果为 PASS/FAIL。
- **LR_PASS**：是指事务以 PASS 状态通过，说明该事务已正确地完成了，并且记录下对应的时间，这个时间就是指做这件事情所需要消耗的响应时间。

- **LR_FAIL**：是指事务以 FAIL 状态结束，该事务是一个失败的事务，表示没有完成事务中脚本应该达到的效果。得到的时间不是正确操作的时间，这个时间在后期的统计中将被独立统计。
- **LR_STOP**：将事务以 STOP 状态停止。事务的 PASS 和 FAIL 状态会在场景的对应计数器中记录，包括通过的次数和事务的响应时间，方便后期分析该事务的吞吐量以及响应时间的变化情况。

使用下列代码添加事务：

```
lr_start_transaction("zhuce");
lr_end_transaction("zhuce", LR_AUTO);
```

机票系统登录测试事务演示脚本如下：

```
Action ( )
//打开订票系统登录页
web url ( "webTours",
"URL=http :// 127.0.0.1: 1080/webToursl ",
"Resource=0",
"RecContentType=text/ html" ,"Referer=",
"Snapshot=t1.inf","Mode=HTML",
LAST);

web _image_check ( "web_image_check" ,
"src=hp_logo.png",
LAST);

//登录事务
lr_start_transaction ( "login" ) ;
lr_think_time ( 48);

//登录
web submit_form ( " login.pl",
"Snapshot=t2.inf",
工 TEMDATA,
"Name=username", "value=zhangsan",ENDITEM,
"Name=password", "value=123456", ENDITEM,
"Name=login.x", "value=50",ENDITEM,
"Name=login.y", "value=12",ENDITEM,LAST);

//结束事务
lr_end_transaction ( "login",LR_AUTO) ;return 0;
```

10.2.2　LoadRunner 常用函数

检查点用来检查图片或者文字是否存在，作为判断是否真正执行事务的一种方式。
文本检查点如下：

- **web_find()**：从 HTML 页面中查找指定的文本字符串。必须启用内容检查选项：打开 LoadRunner 的 Virtual User Generator 组件，执行 Vuser→runtime setting→Preferences 命令，然后选中 Enable image and text check 选项，启用检查点，否则将不执行该查找函数。

```
web_find("web_find", //定义该查找函数的名称
"RightOf=a", //定义查找字符的右边界
"LeftOf=b", //定义查找字符的左边界
"What=name", //定义查找内容
LAST);
```

- **web_image_check()**：从 HTML 页面中查找指定的图片，要基于 HTML 录制，必须启用内容检查选项。
- **web_reg_find()**：注册类型的文本检查点函数，放在 web_url()、web_submit_data()、web_submmit_from()、web_link()、web_image()、web_castom_request()函数之前。

1. 机票系统检查点函数演示脚本如下：

```
Action ()
{
//打开订票系统
web_url ( "webTours",
"URL=http://127.0.0.1:1080/webTours/",
"Resource=o" ,
"ReccontentType=text/html",
"Referer=",
"Snapshot=t1.inf" ,
"Mode=HTML" ,
LAST) ;

//检查页面的 hp_log 图片
web_image_check ( "web_image_check" ,
"src=http://127.o.o.i:1080/webTours/images/hp_logo.png",, LAST);

//检查页面的文字
welcome to the web Tours siteweb find ( "web_find" ,
"Rightof=Tours site" ,"LeftOf=welcome to ","what=the web " ,
LAST);
return 0;
}
```

2. 机票系统登录综合演示代码：

```
Action ()
{
//打开订票系统
web_url ( "webTours" ,
"URL=http ://127.0.0.1 :1080/webTours/ ","Resource=0",
""ReccontentType=text/html" ,"Referer=",
```

```
"Snapshot=t1.inf", "Mode=HTML"",
LAST);


lr_think_time (12) ; //思考时间
lr_start_transaction ( "login") ;

//查找登录后的字符
web_reg_find ( "search=All" ,
" saveCount=i",
"Text=welcome, <b>zhangsan</b>, " ,
LAST);

/ /登录
web_submit_form ( " login.pl",
" Snapshot=t2.inf" ,
工 TEMDATA,
"Name=username" , "Value=zhangsan",ENDITEM,"Name=password" , "value=12345",
ENDITEM,
"Name=login.x", "value=49",END工TEM ,
"Name=login.y" , "value=14"",ENDITEM , LAST);

//手动判断登录事务是否成功
if(atoi (lr_eval_string ( " {i} "))>0){
lr _end_transaction ( " login", LR_PASs);lr_output_message ( "登录成功");
}
else{
lr_end_transaction ( " login", LR_FAIL);lr_output_message ( "登录失败");
return 0 ;
}
```

10.2.3　LoadRunner 日志记录功能

在 Windows 环境下，日志文件 output.txt 保存在脚本目录中；在 UNIX 环境下，日志文件保存在标准输出中。

日志的设置：从菜单栏执行 Vuser→Run-time Settings 命令，出现如图 10-15 所示的对话框。在该对话框中选择 General 下的 Log 选项。

Run-time Settings 对话框各主要选项的功能说明如下：

- Enable logging：启动日志功能（建议运行场景进行负载测试时关闭此项）。
- Send messages only when an error occurs：仅发送出错时的日志，可设置缓存大小（默认为 1KB）。
- Always send messages：发送所有日志。
- Standard log：标准日志，脚本运行时发送函数信息。
- Extended log：扩展日志。
- Parameter substitution：脚本运行时，在 Replay log 中显示参数信息、参数值。
- Data returned by server：记录服务器返回的所有数据。
- Advanced trace：多用于脚本调试，记录在运行期间发送的所有函数信息。

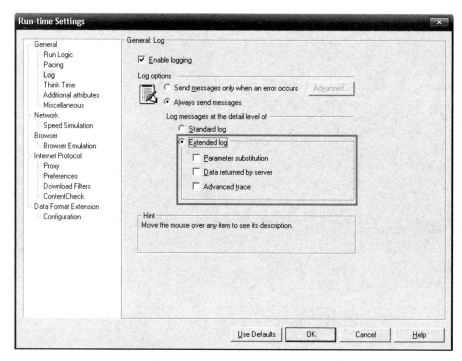

图 10-15　Run-time Settings 对话框

回放脚本后，通过下方的 Replay log 查看回放日志，日志信息如图 10-16 所示。Replay log 显示的回放日志主要颜色说明如下：

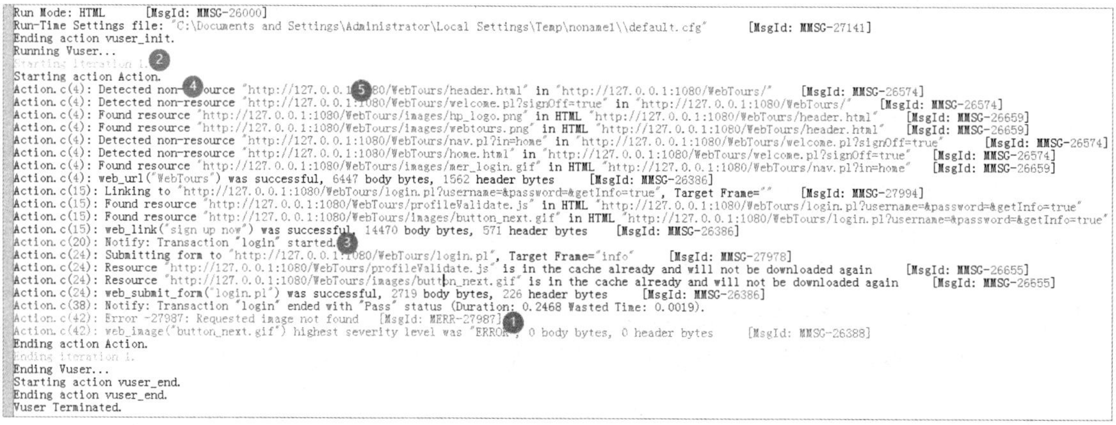

图 10-16　日志颜色

①红色：错误信息。

②橙色：迭代信息。

③蓝色：事件信息。

④黑色：输出信息。

⑤绿色：字符信息。

因为有时需要添加日志或者对日志信息进行输出，所以 LoadRunner 也内置了如下几种输出函数：

- lr_log_message()：输出信息，并记录到 output.txt 中。
- lr_output_message()：输出信息，不记录到日志文件中。
- lr_message()：输出信息，不记录到日志文件中。
- lr_error_message()：输出信息，不记录到日志文件中。

10.2.4　LoadRunner 参数化

参数化的目的是向服务器批量提交符合业务逻辑的数据。这些数据可能是另一个业务已经生成的，需要查询数据库的某些表获得。也可能是首次新增的数据，只要符合业务逻辑、不违反数据库表约束条件即可。

表 10-1　LoadRunner 参数化数据来源

用户参数化的数据来源	获取方式	备注
首次新增到数据库的数据	使用数据生成工具制造	这些数据必须符合业务逻辑，不违反数据表的约束条件
项目业务生成的数据	从数据库表查询这些数据	向该模块编码人员学习业务，明确新增一条记录时会写到数据库的哪几张表里，查询这些数据时，条件应该怎么写

1. 怎么编制参数化的数据

（1）如果数据是需要查询的，那我们写出一些 SQL 语句，查询即可；顺便写好数据回滚的语句，在重复测试某个业务的时候使用。并不是某张表的每个字段都需要放到参数化文件里，注意测试脚本里要提交什么内容，就放什么内容。

（2）如果是编制数据，一般都是先分析需要把哪几个字段提交给数据库，然后用 Excel（少量数据）或者 DataFactory（大量数据）把这些字段的值编制出来。

> **提示**
>
> 从 PL/SQL、Excel 出来的数据（本身就有制表符号），倘若某一条记录有空格，它在 txt 中又是空白的，那么人眼很难看出来。大批量的数据替换可以使用 Ultra Edit 这个非常好的文本处理工具。

2. 参数化在 LoadRunner 性能测试工具中怎么操作

右击选中需要参数化的常量数据，从出现的快捷菜单中选择 Parameter Properties 选项，出现如图 10-17 所示的对话框。在该对话框中进行参数化的设置。

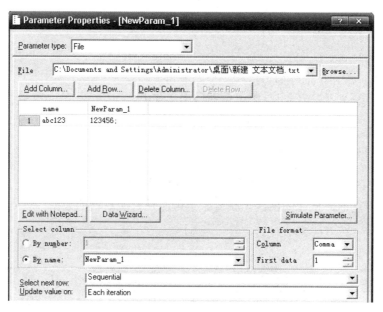

图 10-17　参数化设置

（1）数据列的选择。

①在 Select column 部分，指定列的数值或名称。

②选中 By number 选项时，指定列的数值。列的数值就是该列在表中的顺序号。如表中的第 1 列，数值就是 1。

③选中 By name 选项时，指定列的名称。列的名称就是第 0 行的数据。

（2）在 File format 部分的 Column 下拉选择框中，选择列的分隔符。使用分隔符将表中的数据分列，分隔符可以是英文逗号、tab 和空格。

（3）在 File format 部分的 First data 下拉选择框中，选择脚本的起始行。第 0 行是列名。起始行从 1 开始。

（4）在 Select next row 下拉选择框中，选择一种数据分配方法，指导 Vuser 在脚本执行过程中如何选择数据。选择项有：Sequential、Random、Unique。

①Sequential（连续的）：连续分配数据给虚拟用户 Vuser。当一个 Vuser 运行时需要获取参数数据，它将获得下一行的数据。当数据不够时，虚拟机用户生成器 VuGen 就会又从第 1 行开始取数据，如此循环往复，直至测试运行结束。

②Random（随机的）：给 Vuser 随机分配数据。

③Unique（唯一的）：为每个 Vuser 分配一组唯一的连续的数据。

因此，必须确保数据表中有足够的数据。例如：有 20 个 Vuser，每个 Vuser 后有 5 个迭代，则必须准备最少 100 个唯一的数据。

如果数据表中数据不够，可以在 When out of value 下拉选择框中，选择合适选项，指导 VuGen 进行后续处理。

（5）在 Update value on 下拉选择框中，选择数据更新方法。选择项包括：

① Each Iteration（每次迭代使用一组参数）。

② Each occurrence（每当遇到使用参数时，就增加一个）。

③ Once（第一次迭代获取的参数，下面重复使用）。

（6）如果在第（4）步中，选择了"Unique"选项，则 When out of values 下拉选择框有效。该选择框用于在唯一性数据不够时，指出 Vuser 该如何去做。选项有包括 Abort the Vuser、Continue in a cyclic manner、Continue with last value 等。

参数化设置的配置方法如表 10-2 所示。

表 10-2　参数化设置配置方法

更新方法 （updateMethod）	数据分配方法（Data Assignment Method）		
	Sequential	**Random**	**Unique**
Each iteration	Vuser每次迭代都从数据表中获取下一个数据	Vuser每次迭代都从数据表中获取一个新的数据	Vuser每次迭代都从数据表中获取下一个唯一性的数据
Each occurrence (Data Files only)	每当遇到参数时，Vuser就从数据表中获取下一个数据，在同一个迭代中遇到多次时也是如此	每当遇到参数时，Vuser就从数据表中获取下一个新的数据，在同一个迭代中遇到多次时也是如此	每当遇到参数时，Vuser就从数据表中获取下一个唯一行的数据，在同一个迭代中遇到多次时也是如此

3. 参数化的数量类型如下：

- Date/Time：使用日期/时间型参数来代替选择的常量。
- GroupName：使用运行时虚拟用户所在的虚拟用户组的名称来代替选择的常量。
- Load Generator：使用虚拟用户所在的 LoadGenerator 的机器名称来代替选择的常量。
- Iteration Number：使用该测试脚本中当前循坏的次数来代替选择的常量。
- Random Number：使用一个随机数来代替选择的常量。
- Unique Number：使用一个唯一的数来代替选择的常量。
- Vuser ID：使用运行脚本的虚拟用户 ID 来代替选择的常量。
- User Defined Function：从用户开发的 dll 文件中获取数据。
- File：采用外部的数据来代替，可以是文本文件、Excel、ODBC 的数据库数据等。

10.3　LoadRunner 场景控制

性能测试的场景如何定义？我们可以理解为功能测试中的用例，即性能测试的场景就是性能测试的用例，性能测试的场景是为了模拟用户真实使用的场景而设计的。

性能测试场景的设计与执行是整个性能测试活动的核心与灵魂，没有完整的场景设计就无法达到我们的测试目的，没有合理的场景设计就不会发现系统的性能缺陷。我们所开发的测试脚本，所预埋的测试数据都是为了实现特定场景所准备的。

10.3.1 LoadRunner 场景类型

场景的初步设置如图 10-18 所示，在该界面可以设置场景的类型和运行状态。

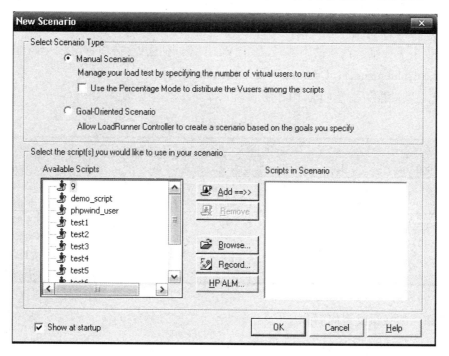

图 10-18　LoadRunner 场景类型

- **Manual Scenario**：完全手动地设置场景。该项下面还可以设置为每一个脚本分配要运行的虚拟用户的百分比，可在 Controller 的 Scenario 菜单下设置。
- **Goal-Oriented Scenario**：如果你的测试计划是要达到某项性能指标，例如每秒多少次单击，每秒完成多少事务，能到达多少 VU，某个事务在某个范围 VU（500～1000）内的反应时间等，那么就可以使用该面向目标的场景。

使用 LoadRunner 录制脚本时，可取消 Use the Percentage Mode to distribute the Vusers among the scripts（使用百分比模式在脚本间分配 Vusers）这个选项。

①这项作用就是可以按照百分比或者虚拟用户数来进行业务划分和执行。

②该项是分配用户的方式，比如说你有 100 个用户，在 Controller 中同时运行 2 个脚本，脚本用户的分配比例分别是 40% 和 60%，那么它会自动帮你设定用户数。

10.3.2 基于目标的场景

如果是设置基于目标的场景，需要对下列参数进行设置，如图 10-19 所示。

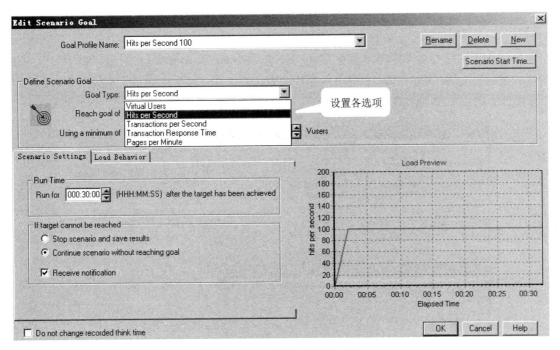

图 10-19　设置基于目标的场景

- **Virtual Users**：虚拟用户数，例如：论坛支持 100 个用户登录发帖，只要把虚拟用户数设置为 100 即可。

- **Hits per Second**：每秒单击数，指在一秒钟能做到的单击请求数目。例如系统能够支持 20~50 个在线用户进行浏览操作。客户端发出的请求能力为 100 次/s，那么可以将 **Hits per Second** 设置为 100，以及用户数在 20~50 个之间。

- **Transactions per Second**：每秒事务数，一个事务代表完成一个操作，每秒事务数反映了系统的处理能力。例如系统能够支持 20~50 个用户，且能每秒处理 30 个用户的登录操作，那么可以将 **Transactions per Second** 设置为 30，以及用户数在 20~50 个之间。

- **Transactions Response Time**：事务响应时间，反映了系统处理速度以及做一个操作所需要花费的时间，例如系统能够支持 20~50 个用户，且登录操作的时间在 0.5 秒以内，那么可以将 **Transactions Response Time** 设置为 0.5，以及用户数在 20~50 个之间。

- **Pages per Minute**：每分钟页面的刷新次数，反映系统在每分钟所能提供的页面处理能力。例如系统能够支持 20~50 个用户，且每秒能处理 10 个页面请求，那么可以将 **Pages per Minute** 设置为 600，以及用户数在 20~50 个之间。

- **Runtime**：达到目标后，场景还会运行多久。如果目标无法达到，会出现两种情况：①停止场景；②仍然继续，并弹出提示框。

- **Load Behavior**：加载行为。加载行为分为三种：①自动加载。②设定在多长时间内加载到设定目标的虚拟用户数。③设置每隔多长时间要加载的用户数。

10.3.3 手工场景

手工场景的核心是设置用户负载方式，通过 Schedule 和 Run Mode 设置。例如设置场景最大在线用户为 10 人，每隔 15 秒增加 2 个负载用户，1 分钟后达到最大在线用户数，持续5 分钟后，用户每 30 秒结束 5 个负载用户，整个场景耗时 6 分 30 秒，如图 10-20 所示。

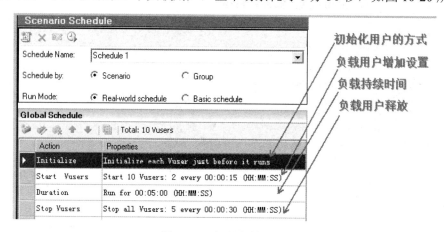

图 10-20　场景参数设置

Schedule by 有两种模式供我们选择，分别是 Scenario 模式和 Group 模式：

- **Scenario 模式**：指所有脚本都使用相同的场景模型来运行，只需要分配用户个数即可。
  ①Real-world schedule（真实场景模式）：以前的 LoadRunner 版本（LoadRunner 9以前）模拟达到峰值就代表满足性能需求，而 LoadRunner 11 提供真实模式（不像以前只能模拟一个山峰），建立了一个完全真实的场景。可应用于压力测试和稳定性测试中。
  ②Basic schedule（基础模式）：老版本的场景模式。
- **Group 模式**：在手工场景中，用户脚本都被称为 Group（用户组），因为每个用户组都代表一种脚本操作。每个脚本按照不同的场景设置去运行。

如何修改各个 Group 的 Quantity 的用户数：首先从 Start Vusers 中修改总数；然后将场景设置为百分比模式：执行 Scenario 菜单下的 Convert Scenario to the Percentage Mode 命令。

10.3.4 多机联合负载

Load Generators 的核心是 MMDRV.EXE 进程。我们通过选择 Scenario 菜单下的 LoadGenerators 选项，在出现的如图 10-21 所示对话框中进行设置。

添加引擎后，如果出现准备字样的话，则表示已成功地连通了。

如果出现连接不上，可能的原因如下：

①受到防火墙的影响，解决方法是关闭防火墙。

②Load Generators 的权限配置出现错误。

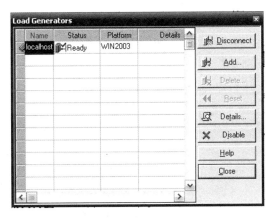

图 10-21　多机联合负载

解决方法如下：

（1）在安装 Load Generators 的计算机上，打开 LoadRunner，执行 Tools 菜单下的 LoadRunner Agent Runtime Settings Configuration 命令。

（2）选择第一个选项，然后输入本地计算机的用户名和密码。

（3）选择 UNIX，然后在 UNIX Environment 中选择 Don't use RSH 选项。

负载的状态如表 10-3 所示。

表 10-3　负载的状态

状态	状态说明
Ready	连接成功
Connecting	正在连接
Active	正在运行Vuser
Down	未连接
Failed	连接失败

10.3.5　IP 地址欺骗

很多时候服务器对 IP 地址有限制策略，不允许同一个 IP 地址上有多个客户进行连接操作。这时就需要使用 IP 地址虚拟这个功能，将虚拟用户脚本从一个 IP 地址运行变成不同 IP 地址的运行。

主要有下列 2 种实现方式：

（1）打开网卡属性中的高级设置，找到 IP 地址设置标签，添加几个新的 IP 地址，然后在 LoadRunner 中启用 Scenario 菜单下的 IP Spoofer 功能。

（2）通过 Tools 下的 IP Wizard 工具去配置 IP 地址。

10.3.6　控制场景的运行

利用如图 10-22 所示的工具可以控制场景的运行。各工具的作用如下：

- Start Scenario 按钮：开始场景，用户没有立即执行脚本，而是进行初始化，状态为 Ready：如果用户的初始化过程不同步，那么会造成用户无法同时运行脚本。

- Stop 按钮：手动停止脚本运行。
- Reset 按钮：停止当前场景运行，重置 Vuser 状态。
- Vusers 按钮：设置虚拟用户数量。
- Run/Stop Vusers 按钮：对正在运行的场景增加用户数，或者停止用户的执行。

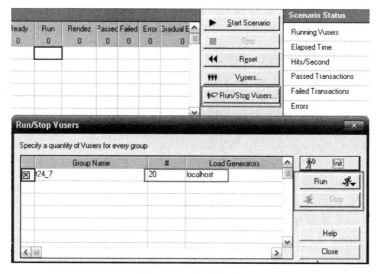

图 10-22　场景控制

10.3.7　性能指标监视过程

性能指标监视过程如图 10-23 所示。

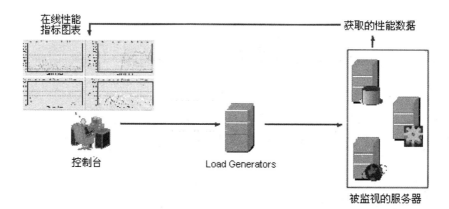

图 10-23　性能指标监视过程

下面以监控 Windows 服务器系统资源为例进行介绍。执行的步骤如下：

（1）执行场景，在 Controller 控制台把性能脚本下发给负载机 Generators。

（2）负载机通过跟踪设置分配的虚拟用户数，对服务器进行施压。

（3）切换到 LoadRunner 的 Controller 控制台中，在 Windows Resources 下配置监控目标。将鼠标放到 Windows Resources 视图，右击选择 Add Measurements 选项，然后单击 Add 按钮，输入服务器 IP 地址和服务器操作系统。

（4）运行场景，在 Windows Resources 下实时监控性能记录。

10.3.8　场景中添加计数器

在 Windows Resources 窗口中进行右击，从出现的如图 10-24 所示的快捷菜单中选择 Add Measurements 命令，出现如图 10-25 所示的对话框，完成添加计数器后，可以获取对应的资源数据，如图 10-26 所示。

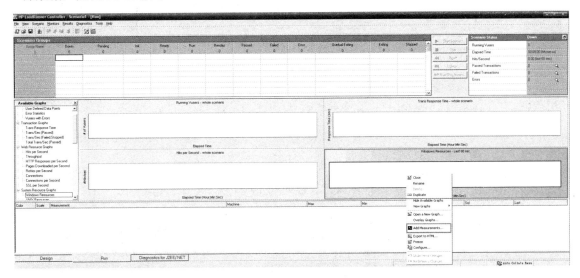

图 10-24　资源监控

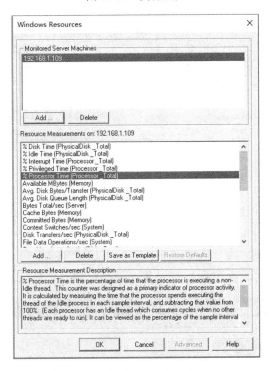

图 10-25　在对话框中添加计数器

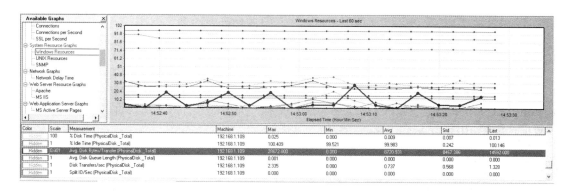

图 10-26　添加计数器后的效果

10.4　LoadRunner 结果分析

使用 Controller 测试结束之后，可以对运行的结果进行保存，然后使用 LoadRunner 提供的分析器对运行结果进行分析。具体操作过程如图 10-27 所示。

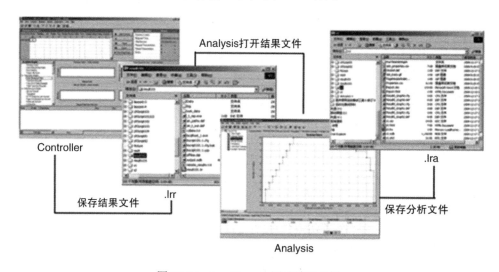

图 10-27　LoadRunner 测试结果分析

具体的操作过程如下：

（1）在场景设置界面保存场景文件为 lra 后缀的文件。

（2）在场景运行界面单击分析结果工具图标，如图 10-28 所示，然后在结果界面执行 File→Save As 命令（如图 10-29 所示），把结果文件另存为一个目录，结果文件以 lrr 为后缀。

图 10-28　选择分析结果工具

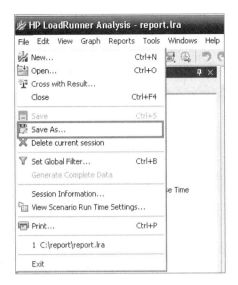

图 10-29　另存文件

（3）打开 LR 结果分析组件，新建一个结果分析，新建的时候导入之前保存的 lrr 后缀的文件。

（4）导入 lrr 文件之后，自定义名称并保存为以 lra 为后缀的分析文件。

本章小结

LoadRunner 是一个功能强大的性能测试工具，它也能用来作为接口测试工具。LoadRunner 在 C 语言基础上增加了很多适合性能测试的自定义函数，以便性能测试的自动化工作顺利地进行。LoadRunner 对测试人员的要求较高，加之 LoadRunner 是一款收费软件，在开源软件、免费软件的冲击和影响下，该软件市场占比受到较大影响。

课后习题

1. LoadRunner 开展性能测试的步骤有哪些？
2. LoadRunner 由哪些部分组成？
3. LoadRunner 事务有四种状态，分别是哪四种？
4. 为什么要参数化？
5. 什么是场景？
6. 简述性能测试过程中的 IP 地址欺骗技术。
7. 服务器性能监控计数器的核心指标有哪些？

第 11 章　JMeter 性能测试

学习目标

- 了解 JMeter 的特点
- 掌握 JMeter 的环境搭建
- 掌握 JMeter 的原理和元件执行顺序
- 掌握 BadBoy 测试脚本开发及录制方法
- 掌握性能测试脚本用例与场景用例设计
- 掌握 JMeter 性能测试工具的场景设计、结果分析和应用技能

因为 LR 是商业软件，需要收费，所以更多的公司在开展性能测试的时候，会选择开源免费的 JMeter。JMeter 不仅能对应用系统开展接口功能测试和业务回归测试，还可以开展接口性能测试，让 JMeter 成为深受广大测试人员喜欢的测试工具之一。本章主要介绍 JMeter 的安装，脚本的制作、调试，性能场景的设置及运行、监控。

11.1　利用 JMeter 制作性能测试脚本

11.1.1　JMeter 介绍

JMeter 是一个纯 Java 开源项目，起初用于基于 Web 的压力测试（Pressure Test），后来其应用范围逐渐扩展到对文件传输协议（FTP）、大型数据库（JDBC 方式）、脚本程序（CGI、Perl 等）、Web Service、Java 应用系统等方面的测试。JMeter 本身主要用于性能测试，如系统压力等。除此之外，JMeter 能够对应用系统做功能测试和回归测试，并且能够通过使用带有断言的脚本程序来验证系统，然后返回用户期望的结果。为了提高工具的应用灵活性，JMeter 允许使用正则表达式创建断言。正是由于它的灵活性和可扩展性，JMeter 逐渐成为流行的开源测试工具。

JMeter 特点如下：

1. 支持多种服务类型的测试。
2. 支持通过录制/回放的方式获取测试脚本。

3. 具备高移植性，是 100%的 Java 程序。

4. 采用多线程框架，允许通过多个线程并发取样及通过独立的线程组对不同的功能同时取样。

5. 精心设计的 GUI 支持高速用户操作和精确计时。

6. 支持缓存和离线的方式分析/回放测试结果。

7. 具备高扩展性。

8. 支持 HTTP、Java 请求、JMS、EJB、Web Service、JDBC、FTP、LDAP、SMTP、Junit、Mail、MongoDB 等。

JMeter 与 LoadRunner（简称 LR）的相同点如下：

1. 都具有类似的界面、安装功能、协议支持、函数库、成本和开源特性。

2. 都可以实现分布式负载，相对来说 LoadRunner 更强大一些。

3. 都支持在 Windows 和 Linux 环境下的负载生成器。在控制台方面，JMeter 是跨平台的，而 LoadRunner 不是。

4. LoadRunner 可以指定每个负载生成器运行不同数量的并发用户，而目前 JMeter 不行。

5. 在 JMeter 中不会把测试计划之外的数据文件一起发送到负载生成器，而 LoadRunner 中的文件可以通过选择纳入 LoadRunner 的管理而一起发送到远端。

11.1.2　JMeter 安装

JMeter 是用纯 Java 开发的，能够运行 Java 程序的系统一般都可以运行 JMeter，如 Windows、Linux、Mac OS 等。Windows 下安装 JMeter 的步骤如下：

（1）安装 JDK，版本必须在 JDK 1.7 以上，推荐 1.8 版本。

（2）读者可自行从官网下载相应的 JMeter 安装包，如：apache-JMeter-5.4.3.zip。

（3）解压安装到本地计算机硬盘上，如 C 盘，解压完成后目录为：C:\apache-JMeter-5.4.3。

（4）配置相应的环境变量：

- 新建 JMETER_HOME：C:\apache-JMeter-5.4.3；
- 修改 CLASSPATH：加上%JMETER_HOME%\lib\ext\ApacheJMeter_core.jar；%JMETER_HOME%\lib\jorphan.jar；%JMETER_HOME%\lib\logkit-2.0.jar。

（5）进入 C:\apache-JMeter-5.4.3\bin，双击运行 JMeter.bat，打开的时候会看到如图 11-1 所示的主界面：JMeter 的命令窗口和 JMeter 的图形操作界面。注意不可以关闭命令窗口。

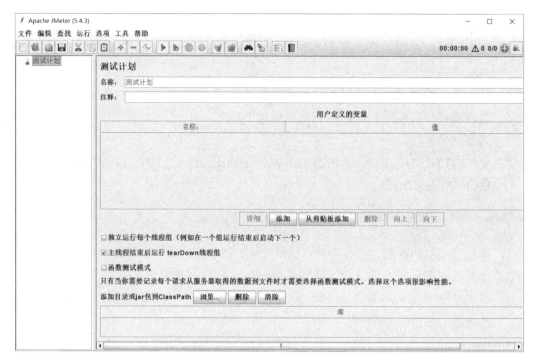

图 11-1 JMeter 主界面

11.1.3 JMeter 主要测试组件

要运行 JMeter，需要将各种组件的配置搭配在一起使用。JMeter 的主要测试组件及其用法如下：

1. 测试计划是使用 JMeter 进行测试的起点，它是其他 JMeter 测试元件的容器。
2. 线程组代表一定数量的并发用户，它可以用来模拟并发用户发送请求。实际的请求内容在 Sampler（取样器）中定义，它被线程组包含。
3. 监听器负责收集测试结果，同时也被告知了结果显示的方式。
4. 逻辑控制器可以自定义 JMeter 发送请求的行为逻辑，它与 Sampler 结合使用可以模拟复杂的请求序列。
5. 断言可以用来判断请求响应的结果是否如用户所期望的那样。它可以用来隔离问题域，即在确保功能正确的前提下执行压力测试。这个限制对于有效的测试是非常有用的。
6. 配置元件维护 Sampler 需要的配置信息，并根据实际的需要修改请求的内容。
7. 前置处理器和后置处理器负责在生成请求之前和之后完成工作。前置处理器常常用来修改请求的设置，后置处理器则常常用来处理响应的数据。
8. 定时器负责定义请求之间的延迟间隔。
9. 取样器（Sampler）是性能测试中向服务器发送请求、记录响应信息、记录响应时间的最小单元，JMeter 原生支持多种不同的 Sampler，如 HTTP Request Sampler、FTP Request Sampler、TCP Request Sampler、JDBC Request Sampler 等，每一种不同类型的 Sampler 可以根据设置的参数向服务器发出不同类型的请求。

10. 测试片段（Test Fragment）用于测试片段元素，是控制器上的一个特殊的线程组，在测试树上它与普通线程组处于一个层级。但它与普通线程组又有所不同，因为它不被执行，除非它是一个模块控制器，或者是被控制器所引用时才会被执行的。

11. 工作台：①录制 HTTP 协议脚本时用到，可以在它下面新建一个代理服务器原件，设置代理后再进行录制；②设置服务器监控，监控被测服务器的性能指标，但是我们不建议这么做，因为会在 JMeter 进行测试时产生影响；③可以显示 JMeter 相关信息；④备份脚本，在脚本调试的时候可以把它作为一个原件暂存区。

11.1.4　JMeter 元件作用域与执行顺序

元件的作用域如下：

（1）配置元件（Config Elements）：元件会影响其作用范围内的所有元件。

（2）前置处理程序（Pre-Processors）：元件在其作用范围内的每一个 Sampler 之前执行。

（3）定时器（Timers）：元件对其作用范围内的每一个 Sampler 有效。

（4）后置处理程序（Post-Processors）：元件在其作用范围内的每一个 Sampler 之后执行。

（5）断言（Assertions）：元件对其作用范围内的每一个 Sampler 执行后的结果执行校验。

（6）监听器（Listeners）：元件收集其作用范围的每一个 Sampler 的信息并呈现。

总结：从各个元件的层次结构判断每个元件的作用域。

元件的执行顺序如下：

配置元件→前置处理程序→定时器→取样器→后置处理程序（除非 Sampler 得到的返回结果为空）→断言（除非 Sampler 得到的返回结果为空）→监听器（除非 Sampler 得到的返回结果为空）。

关于执行顺序，有两点需要注意：前置处理器、后置处理器和断言等元件都能作用于取样器，因此，如果在它们的作用域内没有任何取样器，则不会被执行。如果在同一作用域范围内有多个同一类型的元件，则这些元件按照它们在测试计划中的上下顺序依次执行。

11.1.5　JMeter 运行原理

JMeter 运行在 JVM 虚拟机上，每个进程的开销比较大，且 Java 支持多线程，所以 JMeter 是以线程的方式来运行测试的。

JMeter 通过线程组来驱动多个线程运行测试脚本对被测试服务器发起负载，每一个负载机上都可以运行多个线程组，JMeter 运行场景不仅可以用 GUI 方式完成，还可以使用命令行，而且命令行运行的方式对于负载机的资源消耗会更小。

- **控制机**：运用多台 JMeter 负载机进行性能测试时，被选中作为管理机的那台机器称为控制机，该台机器也能运行脚本，同时也用来管理远程负载机运行的任务，并且收集测试结果。

- **负载机**：向被测服务器发起负载的机器，控制机会把测试脚本发送给负载机，如果运行的测试脚本有参数文件以及依赖的 jar 包时，控制机就不能发送，需要手动复制到负载机本地。

运行过程如下：

（1）远程负载机启动程序，等待控制机连接。

（2）控制机连接上远程负载机。

（3）控制机发送指令（脚本及启动命令）启动线程。

（4）负载机运行脚本，回传测试数据。

（5）控制机收集结果并显示。

多机联合的示意图如图 11-2 所示。

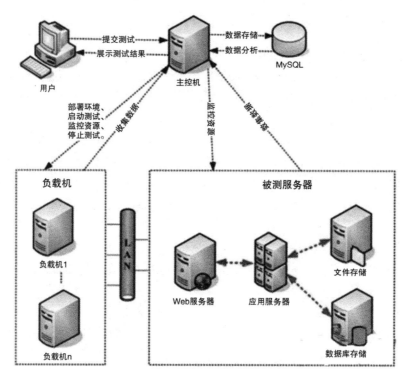

图 11-2　多机联合示意图

11.2　JMeter 脚本制作

11.2.1　JMeter 脚本制作

JMeter 脚本制作一般分为三种方式：利用 HTTP 代理方式录制功能、用第三方工具录制脚本和手工编写脚本。

- 用 HTTP 代理方式录制功能：该功能的原理是解析网络数据包，按 HTTP 协议的方式包装成 HTTP Request、HTTP Response 等对象。

- 用第三方工具 Badboy 进行录制：Badboy 简单来说是一个浏览器模拟工具，具有录制与回放功能，也能进行调试。

- 手工编写脚本：一般通过 Fiddler 抓包或者开发提供的接口设计文档的形式，在 JMeter 的 GUI 界面操作进行脚本的生成，还可以通过编写 Java 代码打包成 jar 包的方式进行生成等。

11.2.2　Badboy 介绍

Badboy 是用 C++开发的动态应用测试工具，其拥有强大的屏幕录制和回放功能，同时提供图形结果分析功能。

Badboy 录制的脚本可以导出成以 jmx 为后缀的文件格式，jmx 正是 JMeter 脚本保存的格式，其实质是一个 XML 格式的文件。

Badboy 的录制方式有两种：一种是 Request 方式，一种是 Navigation 方式，通过工具栏上的 N 按钮进行切换。Request 方式是通过模拟浏览器来发送表单信息到服务器的，每一个资源都将作为请求发送；Navigation 方式是记录用户鼠标的操作动作，回放时模拟界面单击，类似于 UI 自动化测试工具 Selenium。

因 JMeter 对脚本的需要，我们需要使用 Request 方式进行录制，生成 jmx 格式的脚本。

Badboy 的安装：Badboy 的安装与其他 Windows 应用程序安装方式一样，双击 exe 文件即可完成安装。

用 Badboy 创建百度搜索脚本的步骤如下：

（1）启动 Badboy，输入 URL 地址，如 https://www.baidu.com，如图 11-3 所示。

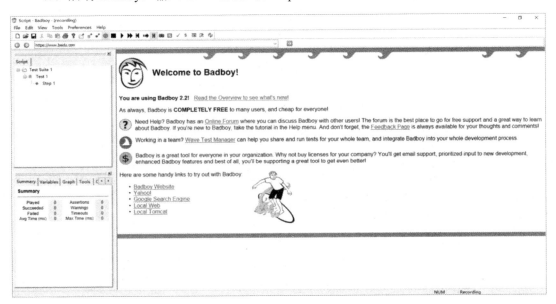

图 11-3　Badboy 录制界面

（2）单击 按钮，录制首页访问，如图 11-4 所示。

图 11-4　录制百度搜索信息

（3）根据搜索步骤，逐步操作。完成所有操作后，停止录制。如图 11-5 所示。

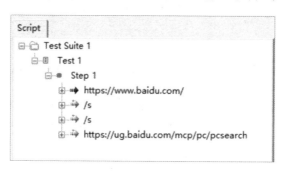

图 11-5　百度搜索脚本列表

（4）脚本操作录制完成后，执行 File 菜单下的 Export to JMeter 命令，导出 JMeter 脚本。
使用 Badboy 的步骤如下：

（1）在地址栏中输入被测网站地址，然后回车。这时左边显示如图 11-5 所示的 Script
（脚本）的目录结构，其中各选项的使用说明如下：

- Test Suite1：脚本的根节点，类似 JMeter 的测试计划节点。
- Test1：测试场景根节点，类似一个业务功能的脚本存放在此目录下。
- Step1：测试活动的步骤，如果一个业务操作过长，如订票业务分为登录、进入订票
  界面、然后订票等步骤，可以把它分为几个 Step，也可以录制成一个 Step，导入 JMeter
  后再根据业务进行拆分。

（2）录制完测试脚本后，执行 File 下的 Export to JMeter 命令，然后把录制的内容另存
为 jmx 文件保存。

（3）启动 JMeter，执行 File 下的 Open 命令，找到刚才存的 jmx 文件，然后打开它。

（4）添加"察看结束树"和"聚合报告"。添加"察看结束树"的命令为：右击"线程组"
选项，从出现的快捷菜单中依次选择"添加"→"监听器"→"察看结果树"选项，如图 11-6

所示；添加"聚合报告"的命令为：右击"线程组"选项，从出现的快捷菜单中依次"添加"
→"监听器"→"聚合报告"选项，如图 11-7 所示。

（5）启动脚本运行完毕后"察看结果树"，验证脚本的正确性。

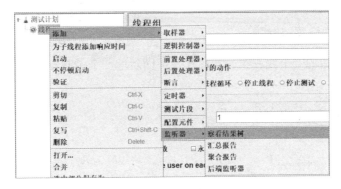

图 11-6   添加察看结果树

图 11-7   添加聚合报告

11.2.3   JMeter 的 HTTP 代理方式录制

1. 在浏览器中配置代理

打开 IE 浏览器，执行菜单命令"工具"→"Internet 选项"→"连接"→"局域网设置"，
在打开的如图 11-8 所示的对话框中进行设置。

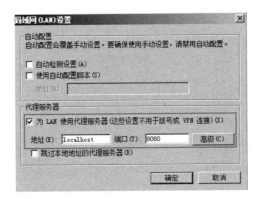

图 11-8   "局域网（LAN）设置"对话框

提示

如果本地使用了 8080 端口，为了避免端口冲突，可以换成其他的端口。

---

2. 在 JMeter 中配置控制器

打开 JMeter，新增一个线程组，然后在其下面新增一个录制控制器，如图 11-9 所示。

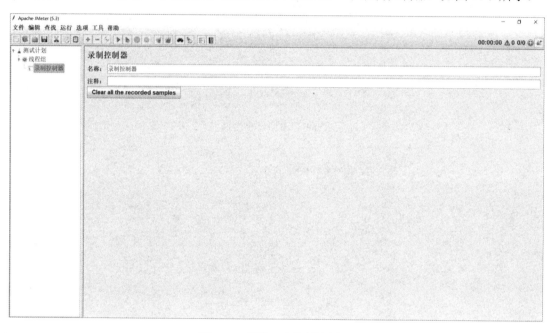

图 11-9　新增一个录制控制器

3. 在 JMeter 中配置代理

在 JMeter 中，右击测试计划，出现快捷菜单后依次选择"添加"→"非测试元件"→"HTTP
代理服务器"选项，如图 11-10 所示。

图 11-10　添加 HTTP 代理服务器

然后在 Requests Filtering 标签下添加一个过滤设置：.*\.(bmp|css|js|gif|ico|jp?g|png|swf|woff)（如图 11-11 中所示），然后勾选 Regex matching（正则匹配），如图 11-12 所示。

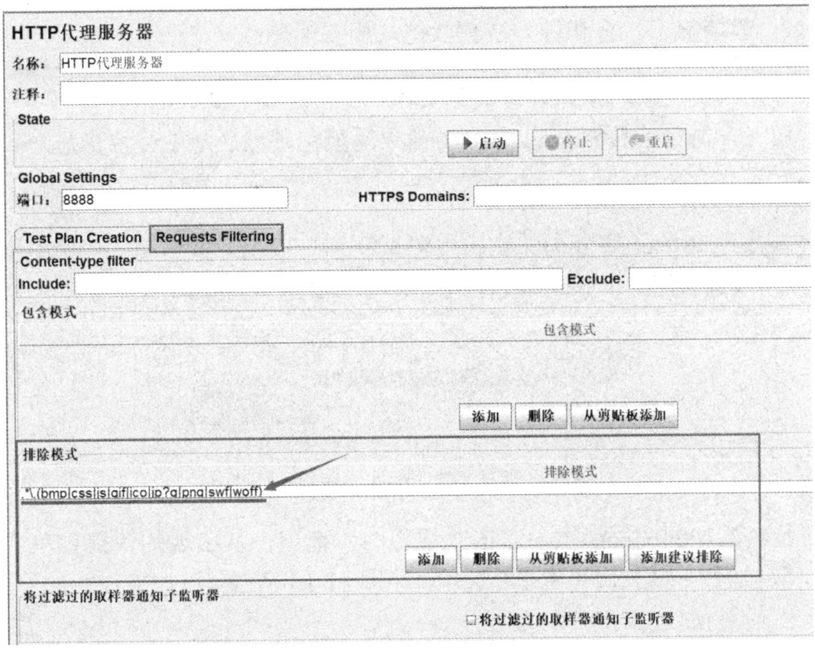

图 11-11　添加过滤设置

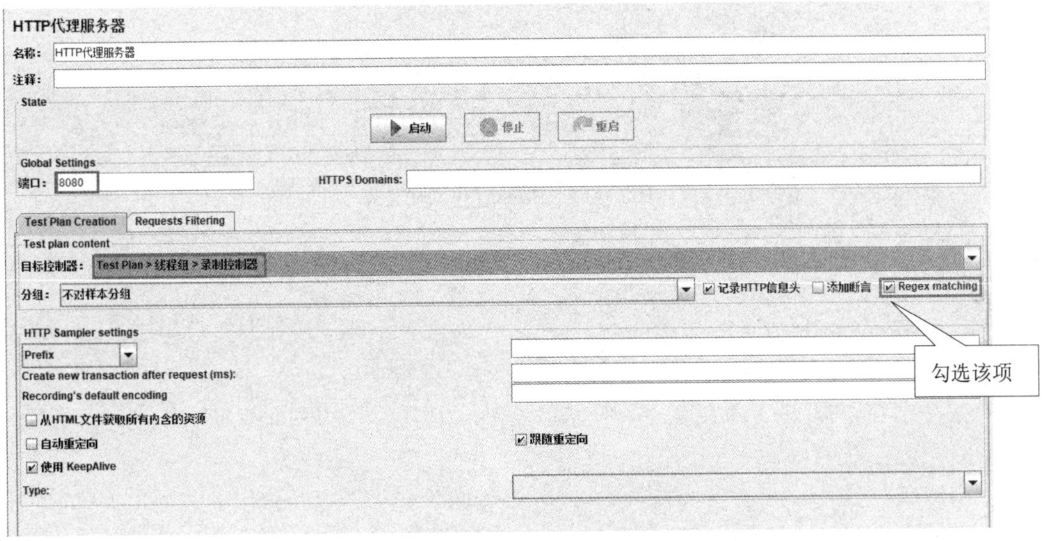

图 11-12　HTTP 代理服务器界面

4. 启动 JMeter 代理服务器并开始录制

拖动 JMeter 代理服务器界面的滚动条到最下面（参考图 11-12），单击"启动"按钮，然后直接在 IE 浏览器下操作即可。此时可以看见操作过程，会在录制控制器下生成请求。由于在排除模式添加了正则表达式，因此可以排除一些图片等的请求。

11.2.4 手工脚本制作

在 JMeter 手工制作脚本之前，先要获取 HTTP 请求的相关信息，如请求地址、请求参数、请求类型等。一般情况下，有两种方法获取这些相关信息：

1. 根据开发人员提供的接口设计规范文档。
2. 使用第三方抓包工具如 Fiddler、Charles 等抓包，然后从中提取信息。

HTTP 请求的添加步骤如下：

（1）双击打开 JMeter 主界面，右击"测试计划"选项，从出现的快捷菜单中，依次选择"添加"→"线程（用户）"→"线程组"选项，如图 11-13 所示。

图 11-13　添加线程组

（2）在已经添加的线程组上，右击"线程组"选项，从出现的快捷菜单中，依次选择"添加"→"取样器"→"HTTP 请求"选项，如图 11-14 所示，添加完成后的界面如图 11-15所示。

图 11-14　JMeter 手动设置脚本

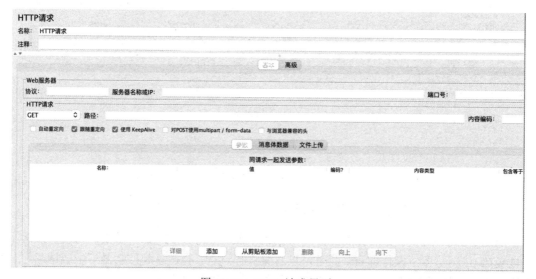

图 11-15　HTTP 请求界面

HTTP 请求界面各主要选项的功能如下：

- 名称：本属性用于标识一个取样器，建议使用一个有意义的名称。
- 注释：对于测试没有任何作用，仅记录用户可读的注释信息。
- 服务器名称或 IP：HTTP 请求发送的目标服务器名称或 IP 地址。
- 端口号：目标服务器的端口号，默认值为 80。
- 协议：向目标服务器发送 HTTP 请求时的协议，默认值为 HTTP。
- 方法：发送 HTTP 请求的方法，可用方法包括 GET、POST、HEAD、PUT、OPTIONS、TRACE、DELETE 等。
- 内容编码（Content Encoding）：内容的编码方式，默认值为 ISO8859。如果不确定可以向开发团队确定，大多数会指定为 UTF-8 格式。

1. 信息请求头设置

在 JMeter 中 HTTP 请求头的设置需要使用到 HTTP 信息头管理器。该属性管理器用于定制 Sampler 交换发出的 HTTP 请求头的内容。不同的浏览器发出的 HTTP 请求具有不同的代理，访问某些有防盗链的页面时需要正确的 Refer。这些情况下都需要通过 HTTP 信息头管理器来保证发送的 HTTP 请求是正确的，HTTP 信息头管理器如图 11-16 所示。

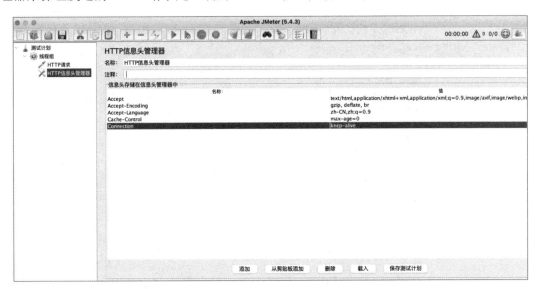

图 11-16　HTTP 信息头管理器

常用的信息头所用的字段如表 11-1 所示。

表 11-1　常用信息头字段

字段名	含义
Accept	浏览器告诉服务器它所支持的数据类型
Accept-Charset	浏览器告诉服务器它采用的字符集
Accept-Encoding	浏览器告诉服务器它采用什么压缩格式

字段名	含义
Accept-Language	浏览器告诉服务器它采用的语言
Host	浏览器告诉服务器它想访问哪台主机
If-Modified-Since	浏览器告诉服务器它的缓存数据是多少
Referrer	浏览器告诉服务器它是从哪个页面链接过来的（防盗链接）
User-Agent	浏览器告诉服务器它所使用的浏览器类型和版本信息
Date	浏览器告诉服务器它什么时间访问服务器
Connection	连接方式
Content-Type	服务器告诉浏览器所发送的数据的类型，如 text/html、application/json

2. HTTPS 请求默认值配置

在请求数量比较多的时候我们要发送的 HTTPS 请求中都需要配置一些相同的参数，为了减少工作量和方便后期的维护，我们可以添加 HTTP 请求默认值元件来对这些参数进行统一的设置，如图 11-17 所示就是将协议、端口号、编码做成了统一的请求默认值。

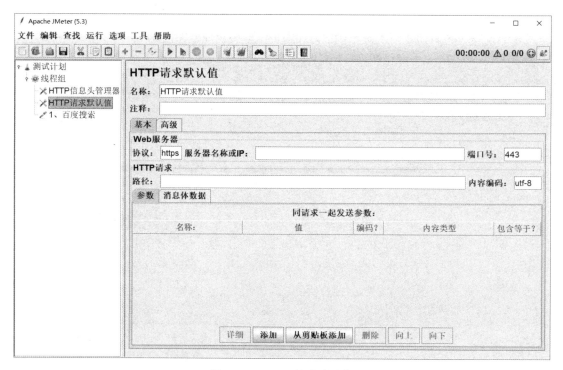

图 11-17　HTTP 请求默认值

3. 发送带参数的 POST 请求

当发送的请求是 POST 的时候，它所传递的是键值对参数时，只需要在参数中填写参数即可，如图 11-18 所示。

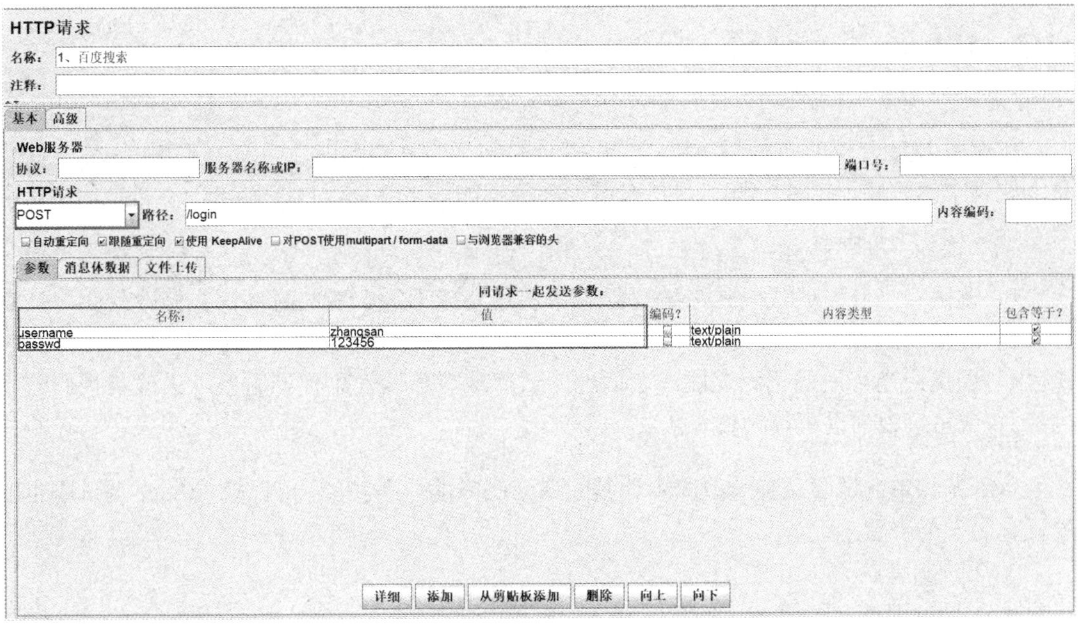

图 11-18　键值对参数

4. 发送带 json 串的 POST 请求

发送带 json 串的 POST 请求的步骤如下：

①　需要在 HTTP 信息头管理器添加一条名称为 Content-Type，值为 application/json 的请求。

②　按如图 11-19 所示操作，把 json 数据放入到"消息体数据"中。

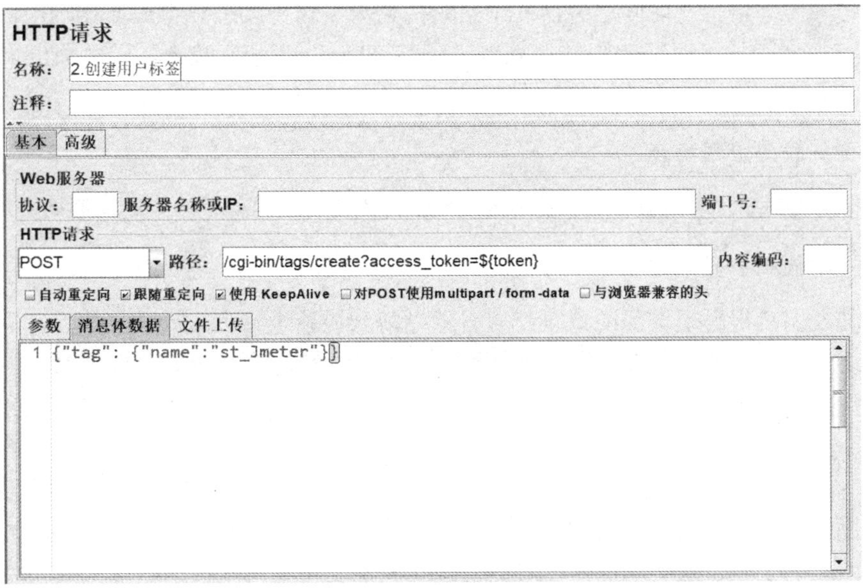

图 11-19　json 参数

11.3 JMeter 脚本调试

在使用 JMeter 工具进行脚本录入的时候，经常需要对脚本进行修改。在实际工作中我们在修改脚本的时候，经常会听到开发人员提起脚本的调试和调优两个术语，下面我们对这两个术语进行详细解释。

- **调试：** 当开发的代码或者编写的脚本出现功能不能实现的时候，去修改代码，让功能实现的过程称为调试。
- **调优：** 当开发的代码功能没有问题，效率或者可读性不佳的时候，去改进代码效率或可读性的过程称为调优。

JMeter 脚本调试即调整修改脚本让其完成录制时的业务功能，可以把 JMeter 调试脚本的过程分为 5 个步骤：

（1）录制脚本。

（2）回放脚本。

（3）处理关联（如果需要）。

（4）再次回放。

（5）验证脚本的正确性。

1. JMeter 关联的概念

在脚本回放过程中，客户端发出请求，通过 JMeter 中的正则表达式提取器所定义的左右边界值（也就是关联规则），在服务器所响应的内容中查找，得到相应的值，以变量的形式替换录制时的静态值，从而向服务器发出正确的请求，这种动态获得服务器响应内容的方法称作关联。通俗点说，就是把脚本中某些写死的（hard-coded）数据，转变成撷取自服务器所送的、动态的、每次都不一样的数据。

（一）关联的应用场合

当客户端的某个请求是随着服务器端的响应而动态变化的时候，我们就需要用到关联。

（二）举例一：登录过程

客户端发出获得登录页面的请求，服务器端得到该请求后，返回登录页面，同时动态生成一个 Session ID；当用户输入用户名密码，请求登录时，该 Session ID 同时被发送到服务器端。如果该 Session ID 在当前会话中有效，那么返回登录成功的页面，如果不正确则登录失败。

在第一次录制过程中，JMeter 把这个值记录了下来，写到了脚本中。但再次回放时，客户端发出同样的请求，而服务器端再一次动态地生成了 Session ID，此时客户端发出的请求就是错误的。为了获得这个动态的 Session ID 我们就要用到关联技术。

针对 JMeter 实际操作来讲，就是使用正则表达式提取器从上一个请求的返回值中取出需要关联的数据做成 JMeter 参数，然后把这个 JMeter 参数提供给下面接口使用的过程。

（三）举例二：随机发帖过程

一个论坛系统，我们录制脚本指定版块发帖后，之后的脚本都会只对这个版块发帖。假设这个版块不存在，或者要做随机发帖的时候，那明显一个固定的版块不能满足实际的业务需求，此时也可以使用关联来解决此问题。

JMeter 关联实现：在需要获得数据的请求上右击，从出现的快捷菜单中选择"添加"→"后置处理器"→"正则表达式提取器"选项，出现如图 11-20 所示的"正则表达式提取器"界面。

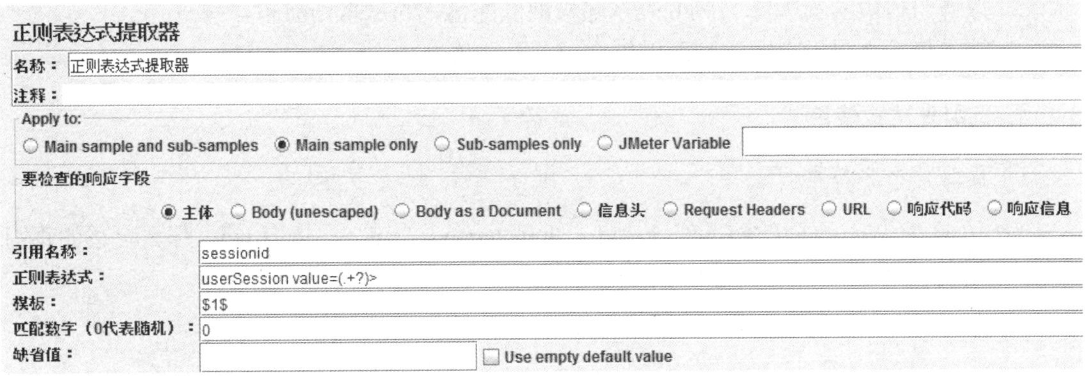

图 11-20　"正则表达式提取器"界面

下面对"正则表达式提取器"界面中的主要选项的功能和用法介绍一下。

- **名称**：随意设置，最好具有业务上的意义，以方便区分。
- **注释**：随意设置，一般不填写。
- **Apply to**：应用范围，包含 4 个选项。

    ○ Main sample and sub-samples：匹配范围包括当前父取样器并覆盖子取样器。
    ○ Main sample only：匹配范围是当前父取样器（一般默认选择这个）。
    ○ Sub-samples only：仅匹配子取样器。
    ○ JMeter Variable：支持对 JMeter 变量值进行匹配。

- **要检查的响应字段**：针对响应数据的不同部分进行匹配，下面介绍其中的 7 个选项。

    ○ **主体**：响应数据的主体部分，排除 Header 部分；HTTP 协议返回请求的主体部分就是 Body（一般默认选择这个）。
    ○ **Body（unescaped）**：针对替换了转义码的 Body 部分。
    ○ **Body as a Document**：返回内容作为一个文档进行匹配。
    ○ **信息头**：只匹配信息头部分的内容。
    ○ **Request Headers**：只匹配请求头部分的内容。
    ○ **URL**：只匹配 URL 链接。
    ○ **响应代码**：匹配响应代码，比如状态码 200 代表成功等。
    ○ **响应信息**：匹配响应信息，比如"成功""OK"等。

- **引用名称**：即下一个请求要引用的参数名称，如填写 sessionid，则可用${sessionid}引用它。
- **正则表达式**：正则表达提取器根据该处的设置进行信息匹配。
- **模板**：用$$引用起来，如果在正则表达式中有多个正则表达式，则可以是1，2，3，等等，表示解析到的第几个模板给 sessionid，1表示第一个模板，0表示全文匹配。
- **匹配数字**：用正则表达式匹配的时候，可能出现多个值的情况，为正数 N 用来确定取一组值中的第 N 个，为 0 表示随机取匹配值，负数取所有值。
- **缺省值**：如果没有匹配到可以指定一个默认值。

4. 正则表达式使用

1）提取单个字符串

假如想匹配 Web 页面的如下部分：id = "kw" name = "wd">并提取 wd，那么合适的正则表达式为：id = "kw" name = "(.+?)">。

2）提取多个字符串

假如想匹配 Web 页面的如下部分：id = "kw" name = "wd">并提取 kw 和 wd，那么合适的正则表达式为：id = "(.+?)" name = "(.+?)"。这样就会创建 2 个组，分别用于1和2。

下面为例子。

引用名称：Data

模板：$1$$2$

如下变量的值将会被设定：

Data：kwwd

Data_g0：id = "kw" name = "wd"

Data_g1：kw

Data_g2：wd

在需要引用地方可以通过：${Data}，${Data_g1}进行引用。

为了查看正则表达式提取器的取值，我们可以添加一个 Debug Sampler，如图 11-21 所示。添加后，运行脚本，然后可以在查看结果树中查看正则表达式提取器的取值，如图 11-22 所示。

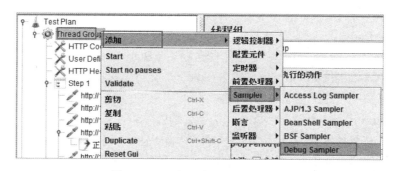

图 11-21　添加一个 Debug Sampler

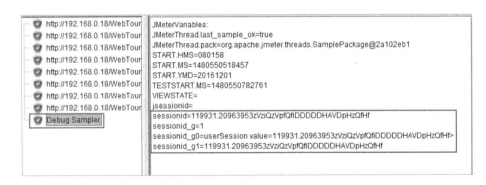

图 11-22　提取器的取值

1. JMeter 性能测试配置参数化

性能测试配置参数化包括线程组元件和线程组，下面介绍它们之间的关系。

线程组元件是任何一个测试计划的开始点。在一个测试计划中的所有元件都必须在某个线程下。所有的任务都是基于线程组的。

一个线程组可以看作一个虚拟用户组，线程组中的每个线程都可以理解为一个虚拟用户。多个用户同时去执行相同的一批次任务。每个线程之间都是隔离的，互不影响的。在一个线程的执行过程中，操作的变量不会影响其他线程的变量值。

线程组的设置相当于性能测试中的场景设置。场景是用来尽量真实模拟用户操作的工作单元，场景设计源自于用户的真实操作。

性能测试中涉及的基本场景有两种，即单一业务场景和混合业务场景。这两种业务场景缺一不可，缺少任何一种都不能准确评估系统性能，定位系统瓶颈。

如果只做单一业务场景，得到的结果与实际生产环境差距较大，没有实际指导意义。如果只做混合业务场景，不能快速定位系统性能降低的原因，就起不到定位瓶颈、系统调优的作用。只有两种场景互为补充，才可以获取最符合客户要求的测试结果。

"线程组"界面如图 11-23 所示。

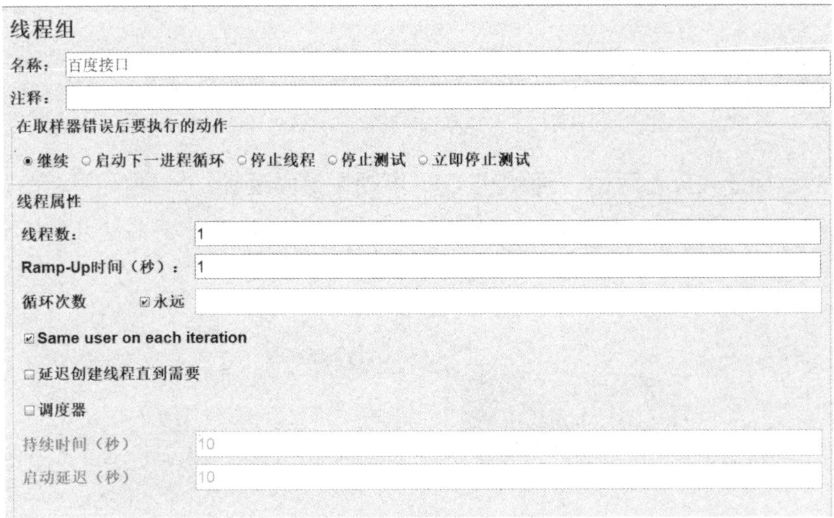

线程组

名称：　百度接口

注释：

在取样器错误后要执行的动作

●继续　○启动下一进程循环　○停止线程　○停止测试　○立即停止测试

线程属性

线程数：　1

Ramp-Up时间（秒）：　1

循环次数　☑永远

☑Same user on each iteration

□延迟创建线程直到需要

□调度器

持续时间（秒）　10

启动延迟（秒）　10

图 11-23　"线程组"界面

在取样器出现错误后，要执行的动作如图 11.23 所示，即设置线程组中某一个请求出错后的异常处理方式，下面我们分别说明这些选项的作用：

①**继续**：请求出错后继续运行。勾选此选项后，有请求出错也继续运行。在大量用户并发的情况下，服务器偶尔响应错误是正常现象，比如服务器由于性能问题不能正常响应或者响应不及时，此时我们把过程中的错误记录下来，作为存在性能问题的依据。

②**启动下一进程循环**：遇到取样器（Sampler）执行出错时，直接进行下次循环，当前循环剩下的所有 Sampler 不再执行。

③**停止线程**：遇到取样器执行出错时，当前线程停止进行，其他线程继续。

④**停止测试**：遇到取样器执行出错时，当前所有线程执行完当前循环停止进行。

⑤**立即停止测试**：遇到取样器执行出错时，当前所有线程立即停止。

图 11-23 中"线程属性"区域中的各选项的功能如表 11-2 所示。

表 11-2　线程属性

设置项	功能
线程数	设置并发用户线程数量，即通常意义的并发用户数，一个线程对应一个模拟用户
Ramp-Up时间（秒）	设置并发用户加载时间，即线程启动开始运行的时间间隔，单位是秒
循环次数	线程组下的元件循环次数设置。选中"永远"选项，则是无限循环
Same user on each iteration	选中该项后每次循环都用第一次的Cookie，不再更新，可以理解为每次循环都是同一个用户。不选中该项，则每次循环都用新的Cookie值，可以理解为每次循环都是不同的用户。
调度器	用于设置该线程组下脚本执行的开始时间、结束时间、持续时间及启动延迟时间。当需要半夜执行性能测试时会用到这个功能。

setUp 线程组　setUp thread group 选项的应用场景举例：

- 测试数据库操作功能时，用于执行打开数据库连接的操作。
- 测试用户购物功能时，用于执行用户的注册、登录等操作。

11.4　性能测试运行方式

JMeter的运行方式分为两种，一种是在GUI可视化界面运行，另一种是用命令行来运行，这两种都支持本地化运行和远程运行，如图 11-24 所示。下面我们将对这几种方式进行详细介绍。

图 11-24　JMeter 运行方式

1. GUI 运行

通过图形界面方式运行，该运行方式的可视化界面及监听器动态展示结果都比较消耗负载机资源。一般在进行脚本调试时使用，建议大并发时不用。

2. JMeter 命令行运行

命令行运行时不出现 JMeter 界面，通过命令行来运行场景。用纯命令方式运行 JMeter 是因为 JMeter 可视化界面及监听器动态展示结果都比较消耗负载机资源，在大并发情况下 GUI 方式往往会导致负载机资源紧张，会对性能结果产生影响。命令行运行如图 11-25 所示。

```
命令提示符                                                                    —   □   ×
Microsoft Windows [版本 10.0.18363.1556]
(c) 2019 Microsoft Corporation。保留所有权利。

C:\Users\alexzsn>%JMETER_HOME%\bin\jmeter  -n -t %JMETER_HOME%\script\script.jmx -r -l result.jtl
```

图 11-25　命令行运行

这个影响不是指被测系统的性能受到影响，而是指负载机的性能受到影响，导致负载量上不去，比如在命令行模式下 100 个线程可产生 100TPS 的负载，而 GUI 方式只产生 80TPS 的负载。所以推荐进行性能测试的时候，使用命令行方式来运行测试计划。

JMeter 命令行工具部分参数说明如下：

-n：非 GUI 方式运行。

-t：指定运行的测试脚本地址与名称，可以是相对或绝对路径。

-h：查看帮助。

-l：把测试结果记录到文件，指定名称与路径，可以是相对或绝对路径。

-r：开启远程负载机，远程负载机列表在 JMeter.properties 文件中指定。

-R：开启远程负载机，可以指定负载机 IP 地址，会覆盖 JMeter.properties 中的设置。

-X：停止远程执行。

-J：定义 JMeter 属性，等同于在 JMeter.properties 中设置。

-G：定义 JMeter 全局属性，等同于在 Global.properties 中设置，线程间可相互共享。

-e：在脚本运行结束后生成 HTML 报告。

-o：保存 HTML 报告的地址。

-g：指定已存在的测试结果文件。

在 JMeter 命令行中运行的操作步骤如下：

（1）本地运行脚本并生成测试报告，其中测试报告的后缀名为 jtl。

```
JMeter -n -t 脚本路径 -l 测试报告路径
```

2. 用-r 远程运行脚本并生成测试报告，其中测试报告的后缀名为 jtl。

```
JMeter -n -t 脚本路径 -r -l 测试报告路径
```

3. 用-R 远程运行脚本并生成测试报告，其中测试报告的后缀名为 jtl。

```
JMeter -n -t 脚本路径 -R 负载机 IP -l 测试报告路径
```

4. 本地运行并生成网页版测试报告，其中测试结果路径为空目录。

```
JMeter -n -t 脚本路径 -1 测试报告路径 -e -o 测试结果路径
```

5. 把 jtl 格式的测试结果文件转换为 HTML 格式。

```
JMeter -g 测试结果路径 -o html 报告路径
```

6. 本地运行脚本并生成测试报告，把线程数和循环次数在命令行中配置。

```
JMeter -n -t 脚本路径 -1 测试结果路径 -JthreadNum=50 -JloopNum=10
```

要使上述操作生效，可执行如下步骤：

（1）利用函数助手对话框的 P 函数设置获取命令行属性。

（2）把生成的函数通过用户定义的变量配置。

（3）把用户定义的变量放入需要使用到的地方。

3. 本地运行

JMeter 本地运行是指运行本地一台 JMeter 机器，所有的请求通过该机器发送。同时该机器也负责监控运行产生的结果。

4. JMeter 远程运行

JMeter 远程远行是用一台 JMeter 控制机控制远程的多台机器来产生负载。控制机与负载机之间通过 RMI 方式来完成通信。

远程运行需要配置负载机和控制机，配置操作步骤如下。

（1）负载机配置。

①在负载机上部署 JMeter，确保 JMeter 的 bin 目录下存在 ApacheJMeter.jar 与 JMeter-server.bat 两个文件。

②双击启动负载机的 JMeter-server.bat 程序。

（2）控制机配置。

①在 JMeter 安装目录\bin 目录下找到 JMeter.properties 文件并修改 remote_hosts。增加负载机 IP 地址，多个 IP 地址使用英文逗号隔开。

②继续在 JMeter.properties 文件中修改，把 server.rmi.ssl.disable 改为 true，并把行首的# 去掉，关闭 SSL 认证。

③修改保存后重启 JMeter。

11.5　收集性能测试结果

在性能测试执行过程中，场景监控的主要任务是收集测试结果，测试结果有事务响应时间、吞吐量、TPS、服务器硬件性能、JVM 使用情况和数据库性能状态等。在 JMeter 中通过监听器及其他外置工具来完成测试结果的收集工作。

- **事务响应时间**：用户从发出请求到接收完响应之间的总耗时，它由网络传输耗时、服务处理耗时等多个部分组成。通常以毫秒（ms）作为单位。站在用户角度来说，你可以将软件性能看作是软件对用户操作的响应时间。

- **吞吐量**：指在一次性能测试过程中网络上传输的数据量的总和。对于交互式应用来说，吞吐量指标反映的是服务器承受的压力。在容量规划的测试中，吞吐量是一个重点关注的指标，因为它能够说明系统级别的负载能力。另外，在性能调优过程中，吞吐量指标也有重要的价值。如一个大型工厂，它的生产效率与生产速度很快，一天生产 10 万吨的货物，结果工厂的运输能力不行，就两辆小型三轮车一天拉 2 吨的货物。

- **吞吐率**：单位时间内网络上传输的数据量，也可以指单位时间内处理客户请求的数量。它是衡量网络性能的重要指标，通常情况下，吞吐率用"字节数/秒"来衡量，当然，你可以用"请求数/秒"和"页面数/秒"来衡量。其实，不管是一个请求还是一个页面，它的本质都是在网络上传输的数据，那么来表示数据的单位就是字节数。HTTP 服务的吞吐率通常以 RPS（Requests Per Second 请求数/秒）作为单位。吞吐率越高，代表服务处理效率就越高。也可以说就是网站的性能越高。
  注意：吞吐率和并发数是两个完全独立的概念。

- **TPS**：Transaction Per Second（每秒事务数），指服务器在单位时间内（秒）可以处理的事务数量，它是衡量系统处理能力的重要指标。

- **QPS**：Query Per Second（每秒查询率），指服务器在单位时间内（秒）处理的查询请求速率，它属于 TPS 的子集。

- **资源利用率**：指的是对不同系统资源的使用程度，例如服务器的 CPU 利用率、磁盘利用率等。资源利用率是分析系统性能指标而改善性能的主要依据，因此，它是 Web 性能测试工作的重点。

- **CPU 使用率**：指用户进程与系统进程消耗的 CPU 时间百分比，长时间情况下，一般可接受的上限不超过 85%。

- **内存利用率**：内存利用率=（1-空闲内存大小/总内存大小）×100%，一般至少需要有 10%可用内存，内存使用率可接受的上限为 85%。

- **磁盘 I/O**：磁盘主要用于存取数据，因此当说到磁盘操作的时候，就会存在两种相对应的操作，存数据的时候对应的是写磁盘操作，取数据的时候对应的是是读磁盘操作，一般使用% Disk Time（磁盘用于读写操作所占用的时间百分比）度量磁盘读写性能。

- **网络带宽**：一般使用计数器的 Bytes Total/sec 来度量，其表示为发送和接收字节的速率，包括帧字符在内；判断网络连接速度是否是瓶颈，可以用该计数器的值和目前网络的带宽比较。

11.5.1　利用 JMeter 插件收集性能测试结果

1. 汇总报告（Summary Report）

汇总报告用来收集性能测试过程中的请求以及事务各项指标。通过执行"监听器"下的

"汇总报告"命令，打开"汇总报告"界面，如图 11-26 所示，在该界面下可以添加该元件。

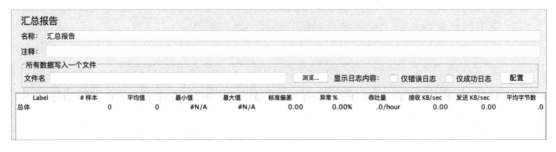

图 11-26 "汇总报告"界面

"汇总报告"界面的主要内容说明如下：
- **所有数据写入一个文件**：把测试结果保存到本地。
- **文件名**：指定保存结果。
- **仅错误日志**：仅保存日志中报错的部分。
- **仅成功日志**：保存日志中成功的部分。
- **配置**：设置结果属性，即把哪些结果字段保存到文件。一般保存必要的字段信息即可，保存越多，对负载机的 I/O 越会产生影响。
- **Label**：取样器名称（或者是事务名）。
- **#样本**：取样器运行次数（提交了多少笔业务）。
- **平均值**：请求（事务）的平均响应时间，单位为毫秒。
- **最小值**：请求的最小响应时间，单位为毫秒。
- **最大值**：请求的最大响应时间，单位为毫秒。
- **标准偏差**：响应时间的标准方差。
- **异常%**：事务错误率。
- **吞吐量**：即 TPS。
- **接收 KB/sec**：每秒数据包流量，数据单位是 KB。
- **发送 KB/sec**：每秒数据包流量，数据单位是 KB。
- **平均字节数**：平均数据流量，数据单位是 Byte。

2. 聚合报告（Aggregate Report）

用来收集性能测试过程中的请求以及事务的各项指标。通过执行"监听器"下的"聚合报告"命令，打开"聚合报告"界面，如图 11-27 所示，在该界面下可以添加该元件。

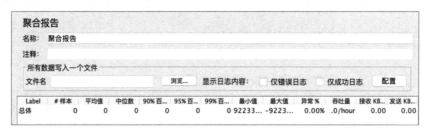

图 11-27 "聚合报告"界面

"聚合报告"界面的主要内容说明如下：

- **所有数据写入一个文件**：把测试结果保存到本地。
- **文件名**：指定保存结果。
- **仅错误日志**：仅保存日志中报错的部分。
- **仅成功日志**：仅保存日志中成功的部分。
- **配置**：设置结果属性，即把哪些结果字段保存到文件。一般保存必要的字段信息即可，保存越多，对负载机的 I/O 越会产生影响。
- **Label**：取样器名称（或者是事务名）。
- **#样本**：取样器运行次数（提交了多少笔业务）。
- **平均值**：请求（事务）的平均响应时间，单位为毫秒。
- **中位数**：50%的请求耗时都在这个时间之下。
- **90%百分位**：90%的请求耗时都在这个时间之下。
- **95%百分位**：95%的请求耗时都在这个时间之下。
- **最小值**：请求的最小响应时间，单位为毫秒。
- **最大值**：请求的最大响应时间，单位为毫秒。
- **异常%**：事务错误率。
- **吞吐量**：即 TPS。
- **接收 KB/sec**：每秒数据包流量，数据单位是 KB。
- **发送 KB/sec**：每秒数据包流量，数据单位是 KB。

3. 利用 PerfMon Metrics Collector 收集服务器资源指标

在使用 JMeter 执行性能测试时，为了尽量减少对负载机的资源消耗，一般不建议使用服务器资源监控的功能，而可以使用第三方工具去监控收集服务器资源。但一些普通的场景（负载小）还是可以利用 JMeter 来进行服务器资源监控的。

配置如下：

（1）安装 JMeter 第三方插件管理工具 JMeter-plugins-manager-*.**.jar，下载该文件放置到 JMeter 的安装目录/lib/ext，然后重启 JMeter 即可完成安装。

（2）选择"选项"下的 Plugins Manager 命令，进入插件管理界面，下载 PerfMon 插件，重启 JMeter。

（3）下载 ServerAgent-*.*.*.zip，把该压缩包在被测服务器上解压，解压后在 DOS 命令窗口运行 startAgent 命令，默认使用 4444 端口。

（4）在 JMeter 工具端输入 Telnet 服务器 IP 4444 然后输入 test，查看被测服务器是否收到相应信息，收到表示连接正常，如果连接异常就需检查防火墙了。

（5）在 JMeter 控制机添加一个 PerfMon Metrics Collector 监听器，单击运行即可获取。

配置完成后的效果如图 11-28 所示。

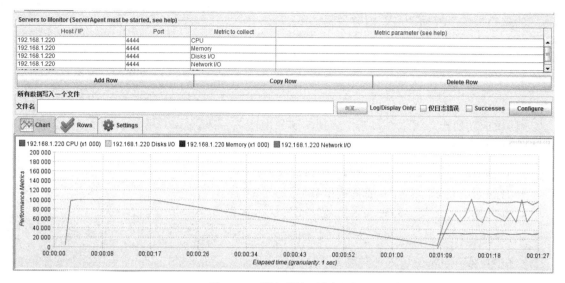

图 11-28　服务器资源监控图

本章小结

JMeter 是一款被 IT 企业广泛使用的开源的、免费的性能测试工具。不仅可以开展接口功能测试、多接口业务测试，还可以开展接口性能测试。深受广大测试人员喜爱。本章从简单的 GET 请求、POST 请求开始上手，到多接口的关联，参数化的处理，然后讲解了场景的设置、场景的运行、场景的监控，并系统地介绍了 JMeter 的使用流程。

课后习题

1. 什么是断言，什么情况下要加断言？
2. 正则表达式提取器的作用是什么？操作步骤有哪些？
3. 固定定时器和高斯随机定时器的区别是什么？
4. 什么是场景？请简单说明。
5. 怎样监控 Windows 系统资源？
6. 怎么样把结果生成为 HTML 报告？
7. 怎么设置运行 2 个小时的负载场景？
8. 怎么判定场景失败?

第 4 部分　移动端测试

第 12 章　手机 App 测试

第 12 章　手机 App 测试

学习目标

- 了解移动 App 测试的背景
- 了解移动 App 测试的要点
- 了解移动 App 测试的流程
- 掌握 adb 命令的使用
- 掌握 monkey 命令的使用
- 掌握 GT 性能测试工具的使用

随着移动设备的普及，移动 App 也深入到人们生活和工作的各个角落。移动设备出现后以其智能、互动等特点广泛应用于日常生活。由于移动端设备的特点，移动 App 使用环境也较为复杂，在复杂的使用场景中，由 App 缺陷导致的事故时有发生，提升移动 App 质量至关重要。移动 App 质量保证离不开移动 App 测试，本章将对移动 App 测试的相关知识进行讲解。

12.1　手机 App 业务功能测试

就目前我们互联网的大多数 App 产品而言，业务功能测试仍是整个测试过程的基础和重点，占比很大。除去每个产品和版本不同的业务需求以及功能，针对于大多数 App 的共同点和移动设备的特性，本章总结了一些 App 功能测试中经常遇见的需要考虑到的测试点以供大家参考。

12.1.1　手机测试分类

1. 手机整机功能测试

针对手机开发商开发的手机从手机硬件、内置软件以及软硬件结合的功能进行全面的测试，如华为手机、小米手机、苹果手机等。

主要涵盖测试内容包括基本通话、通话设置、短信、彩信、电话簿、WAP、手机界面、移动梦网、手机性能、场景测试等。

2. 手机 App 业务功能测试

针对运行在手机上的第三方软件进行测试，如手机 QQ、微信、手游等。主要涵盖测试内容包括 UI 测试、功能测试、交叉事件测试、兼容性测试、易用性/用户体验测试、硬件环境测试、安装/卸载测试、升级/更新测试、手势操作测试等。

3. 手机 App 性能测试

App 的性能测试主要是指 App 运行操作过程当中，监测当前手机系统的一些性能指标，以此来确定 App 的性能是否会影响到用户的体验。App 的性能指标主要包括 CPU、内存、启动速度、电量、流量以及流畅度。

12.1.2　常用手机操作系统介绍

1. Android

Android 一词的本义指"机器人"，同时也是 Google 于 2007 年 11 月 5 日宣布的基于 Linux 平台的开源手机操作系统的名称，该平台由操作系统、中间件、用户界面和应用软件组成。主要使用于移动设备，如智能手机和平板电脑。

Android 在正式发行之前，拥有两个内部测试版本，并且以著名的机器人名称来对其进行命名，它们分别是 AndroidBeta（阿童木）和 Android 1.0（发条机器人）。后来由于涉及版权问题，Google 将其命名规则变更为用甜点作为它们系统版本的代号的命名方法。甜点命名法开始于 Android 1.5 发布的时候。作为每个版本代表的甜点的尺寸越变越大，然后按照英文字母排序。

2012 年 5 月份，有关部门和 Google 签订了一份免费使用 Android 系统的协议，这份协议的有效期是 5 年的时间。

2. iOS

iOS 是由苹果公司开发的移动操作系统，iOS 与苹果的 Mac OS 操作系统一样，属于类 UNIX 的商业操作系统。原本这个系统名为 iPhone OS，因为 iPad、iPhone、iPod touch 都使用 iPhone OS，所以 2010WWDC 大会上宣布改名为 iOS。

（1）iOS 版本历史

2007 年：第一个 iOS 版本。iPhone 1 上市。
2008 年：苹果操作系统取名为 iPhone OS。iPhone 3G 上市。
2010 年：iPhone OS 改名为 iOS。iPhone 4 上市。
2012 年：iPhone 5 上市。
2013 年：iOS 7 发布。
……

（2）iOS 项目开发语言

Objective-C，通常写作 ObjC 或 OC，是扩充自 C 的面向对象编程语言。
Swift 是苹果在 WWDC 2014 所发布的一门编程语言，宣称 Swift 的特点为快速、现代、安全、互动，且全面优于 Objective-C 语言。

12.1.3 手机 App 业务功能测试内容

针对手机应用软件的系统测试,我们通常从下面几个角度开展测试工作。如图 12-1 所示,分为安装/卸载测试、UI 测试、功能模块测试、交叉事件测试、易用性/用户体验测试、兼容性测试、渠道包测试等。

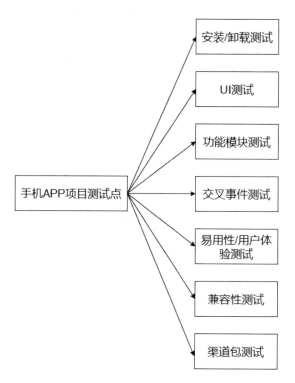

图 12-1　手机 App 项目测试点

1. 安装/卸载测试

验证 App 是否能正确安装、运行、卸载,以及操作过程和操作前后对系统资源的使用情况。

（1）安装测试

①软件安装后是否能正常运行,安装后的文件夹以及文件是否写到了指定的目录里。
②软件安装各个选项的组合是否符合概要设计说明。
③软件安装向导的 UI 测试。
④安装后没有生成多余的目录结构和文件。
⑤安装过程中的介质(网络、磁盘空间、蓝牙设备等)。

（2）卸载测试

① 测试系统直接卸载程序是否有提示信息。
② 测试卸载后文件是否全部删除所有的安装文件夹。

③ 卸载时系统是否支持取消功能，观察单击取消后观察软件卸载的情况。

④ 对系统直接卸载进行 UI 测试，是否有卸载状态进度条提示。

⑤ 卸载正在运行的软件，观察结果。

2. UI 测试

移动 App 的 UI 测试主要测试用户界面（如菜单、对话框、窗口和其他控件）布局、风格是否满足要求、文字是否正确、页面是否美观、文字及图片组合是否完美、操作是否友好等。

UI 测试的目标是确保用户界面会通过测试对象的功能来为用户提供相应的访问或浏览功能。确保用户界面符合公司或行业的标准。包括用户友好性、人性化、易操作性测试。UI 测试包含下面三部分测试内容。

（1）导航测试

①测试按钮、对话框、列表和窗口等。在不同的连接页面之间测试能否导航。

②是否易于导航，导航是否直观。

③是否需要搜索引擎。

④导航帮助是否准确直观。

⑤导航与页面结构、菜单、连接页面的风格是否一致。

（2）图形测试

①进行横向比较，观察各控件操作方式是否统一。

②测试自适应界面设计，内容是否根据窗口大小自适应。

③页面标签风格是否统一。

④页面是否美观。

⑤页面的图片是否有其实际意义而且整体是否有序美观。

（3）内容测试

①测试输入框说明文字的内容与系统功能是否一致。

②文字长度是否需要加以限制。

③文字内容是否准确。

④是否有错别字。

⑤信息是否为中文显示。

3. 功能模块测试

根据软件需求说明书或者用户需求验证 App 的各个功能是否能实现，采用如下方法实现并评估功能测试过程：采用时间、地点、对象、行为和背景五元素或业务分析等方法，提炼 App 的用户使用场景，对比说明和需求，整理出内在、外在及非功能直接相关需求，构建测试点和用例，并明确测试标准。若在用户需求中无明确标准遵循，则需要参考行业或相关国际标准或准则。根据被测试功能点的特性，列出相应类型的测试用例并对其进行覆盖，如涉及输入的地方需要考虑等价、边界、负面、异常或非法数据、场景回滚、关联测试等测试类型对其进行覆盖。以下介绍功能模块测试的测试要点。

（1）注册测试

①同表单编辑页面。

②用户名密码长度。

③注册后是否有提示页面。

④前台注册页面和后台的管理页面数据是否一致。

（2）登录测试

①使用合法的用户名是否能登录系统。

②系统是否允许多次非法的登录，是否有次数限制。

③使用已经登录的账号登录系统是否能正确处理。

④使用禁用的账号登录系统是否能正确处理。

⑤用户名、口令（密码）错误或漏填时能否登录。

⑥删除或修改后的用户，原用户登录能否登录。

⑦不输入用户口令和用户、重复点（确定或取消按钮）是否允许登录。

⑧登录后，页面中登录信息是否正常跳转首页，是否符合需求。

⑨页面中是否有注销按钮，注销后当前用户是否维持登录状态。

⑩登录超时是否有相应提示或其他处理。

（3）注销测试

①注销原模块后，对新的模块系统能否正确处理。

②终止注销后能否返回原模块、原用户。

③注销原用户后，对新用户系统能否正确处理。

④使用错误的账号、口令、无权限的被禁用的账号进行注销看是否可行。

（4）应用的前后台切换测试

①App 切换到后台，再回到 App，检查是否停留在上一次操作界面。

②App 切换到后台，再回到 App，检查功能及应用状态是否正常。注意：iOS4 和 iOS5 的版本的处理机制不一样。

③App 切换到后台，再回到前台时，注意程序是否崩溃，功能状态是否正常，尤其是对于从后台切换回前台数据有自动更新的时候。

④手机锁屏解屏后进入 App 时，是否会崩溃，功能状态是否正常，尤其是对于从后台切换回前台数据有自动更新的时候。

⑤当 App 使用过程中有电话进来中断后再切换到 App，功能状态是否正常。

⑥当杀掉 App 进程后，再开启 App，App 能否正常启动。

⑦出现必须处理的提示框后，切换到后台，再切换回来，检查提示框是否还存在，有时候还会出现应用自动跳过提示框的情况。

⑧对于有数据交换的页面，每个页面都必须进行前后台切换、锁屏的测试，这种页面最容易出现崩溃。

（5）免登录测试

很多应用提供免登录功能，当应用开启时自动以上一次登录的用户身份来使用 App 免登录的测试点如下：

①App 有免登录功能时，需要考虑 iOS 版本差异。

②考虑无网络情况时能否正常进入免登录状态。

③切换用户登录后，要校验用户登录信息及数据内容是否相应更新，确保原用户退出。

④根据 MTOP 的现有规则，一个账户只允许登录一台机器。所以，需要检查一个账户登录多台手机的情况。原手机里的用户需要被踢出，给出友好提示。

⑤App 切换到后台，再切回前台的校验。

⑥密码更换后，检查有数据交换时是否进行了有效身份的校验。

⑦当自动登录的应用在进行数据交换时，检查系统是否能自动登录成功并且数据操作是否正确。检查用户主动退出登录后，下次启动 App 时，是否能停留在登录界面。

（6）数据更新测试

①根据应用的业务规则，以及数据更新量的情况，来确定最优的数据更新方案。

②需要确定哪些地方需要提供手动刷新，哪些地方需要自动刷新，哪些地方需要手动+自动刷新。

③确定哪些地方从后台切换回前台时需要进行数据更新。

④根据业务、速度及流量的合理分配，确定哪些内容需要实时更新，哪些内容需要定时更新。

⑤确定数据展示部分的处理逻辑，是每次从服务端请求，还是先缓存到本地，这样才能有针对性地进行相应的测试。

⑥检查有数据交换的地方，是否都进行相应的异常处理。

（7）离线浏览测试

①很多应用会支持离线浏览，即在本地客户端会缓存一部分数据供用户查看。检查是否支持该功能。

②在无网络情况是否可以浏览本地数据。

③退出 App 再开启 App 时是否能正常浏览。

④切换到后台再切回前台是否可以正常浏览。

⑤锁屏后再解屏回到应用前台是否可以正常浏览。

⑥在对服务端的数据有更新时是否会给予离线的相应提示。

（8）定位、照相机服务测试

①App 在用到相机、定位服务时，需要测试系统版本是否存在差异。

②有用到定位服务、相机服务的地方，需要进行前后台的切换测试，检查应用是否正常。

③当定位服务没有开启、使用定位服务时，是否会友好性弹出允许设置定位提示。当确

定允许开启定位时，能自动跳转到定位设置中开启定位服务。

④测试定位、相机服务时，需要采用真机进行测试。

（9）App 更新测试

①当客户端有新版本时，是否有更新提示。

②当版本为非强制升级版时，用户是否可以取消更新，老版本是否能正常使用。用户在下次启动 App 时，系统是否仍能出现更新提示。

③当版本为强制升级版时，当给出强制更新后用户没有做更新时，用户是否能退出客户端。下次启动 App 时，系统是否仍出现强制升级提示。

④当客户端有新版本时，在本地不删除客户端的情况下，直接更新检查是否能正常更新。

⑤当客户端有新版本时，在本地不删除客户端的情况下，检查更新后的客户端功能是否是新版本的。

⑥当客户端有新版本时，在本地不删除客户端的情况下，检查资源同名文件（如图片）是否能正常更新为最新版本。如果以上无法更新成功，则该系统也属于存在缺陷。

（10）时间测试

客户端可以自行设置手机的时区、时间，因此需要校验该设置对 App 的影响。中国为东 8 区，所以当手机设置的时间为非东 8 区时，要查看时间是否能正确显示，应用功能是否正常。

4. 交叉事件测试

针对智能终端应用的服务等级划分方式及实时特性所提出的测试方法。交叉测试又叫作事件或冲突测试，是指一个功能正在执行过程中，同时另外一个事件或操作对该过程进行干扰的测试。如 App 在前/后台运行状态时与来电、文件下载、音乐收听等关键运用的交互情况测试等。交叉事件测试非常重要，能发现很多应用中潜在的性能问题。以下介绍交叉时间的主要测试点。

（1）多个 App 同时运行是否影响正常功能。

（2）App 运行时前/后台切换是否影响正常功能。

（3）App 运行时是否能拨打/接听电话。

（4）App 运行时是否能发送/接收信息。

（5）App 运行时是否能发送/收取邮件。

（6）App 运行时是否能浏览网络。

（7）App 运行时是否能使用蓝牙传送/接收数据。

（8）App 运行时是否能使用相机、计算器等手机自带设备。

5. 易用性/用户体验测试

以主观的普通消费者的角度去感知产品或服务的舒适、有用、易用、友好亲切程度。通过不同个体、独立空间和非经验的统计复用方式去有效评价产品的体验特性，提出修改意见以提升产品的潜在客户满意度。下面介绍易用性/用户体验测试要点。

（1）是否有空数据界面设计，引导用户去执行操作。

（2）是否滥用用户引导。

（3）是否有不可单击的效果，如：你的按钮此时处于不可用状态，那么一定要灰白色显示，或者去掉按钮，否则会误导用户。

（4）菜单层次是否太深。

（5）交互流程分支是否太多。

（6）相关的选项是否相距很远。

（7）一次是否载入太多的数据。

（8）界面中按钮可单击范围是否适中。

（9）标签页是否跟内容没有关系。

（10）操作是否有主次从属关系。

（11）是否定义 Back 键的逻辑。涉及软硬件交互时，Back 键应具体定义。

（12）是否有横屏模式的设计，应用一般需要支持横屏模式，即自适应设计。

6. 兼容性测试

主要测试内部和外部兼容性。下面介绍兼容性测试要点。

（1）与本地及主流 App 是否兼容。

（2）与各种设备是否兼容。若有跨系统支持则需要检验是否在各系统下，各种行为是否一致。测试不同手机屏幕分辨率的兼容性。

7. 渠道包测试

渠道包就是要在安装包中添加渠道信息，也就是对应不同的渠道，例如小米市场、360市场、应用宝市场等。我们要在安装包中添加不同的标识，应用在请求网络的时候携带渠道信息，可以方便后台做运营统计（这就是添加渠道信息的用处）。

渠道包测试根据应用市场不同，开发人员会针对不同的应用市场打多个 apk 包，而测试人员需要针对所有的渠道包都进行基本功能测试，这样的过程就是渠道包测试。

8. 利用云测试平台进行 App 测试

云测试（Cloud-Testing）是基于云平台提供测试服务的新模式。面向企业及开发者，通过云端调配和使用测试工具、测试设备、测试人员，以解决企业软件和系统的功能、兼容、性能、安全等全周期的测试需求。云测试具备云服务弹性可伸缩的特征，以 AI+RPA（业务流程自动化）的测试能力部分或全部取代人工测试为主要发展趋势。云测试通常能将企业的软件和系统测试效率提高 50%，测试成本降低 30%。下面介绍常用的云测试平台和测试要点。

（1）Testin 云测试平台：是以 AI 自动化技术打造业内领先的兼容测试服务平台。

（2）腾讯优测：为应用、游戏、H5 混合应用的研发团队提供产品质量检测与问题解决服务。

（3）百度 MTC-移动云测试中心：为广大企业、开发者提供覆盖产品全生命周期的测试服务。

（4）云手机租用：利用 STF 技术实现网页形式远程桌面方式操作手机真机界面。

（5）兼容性云测试：App 运行安装、启动、卸载过程，并执行随机 monkey。

12.2　adb 命令的使用

12.2.1　Android 手机测试环境搭建

1. Android SDK 介绍

SDK：（Software Development Kit）软件开发工具包。被软件开发人员用于为特定的软件包、软件框架、硬件平台、操作系统等建立应用软件的开发工具的集合。Android SDK 指的是 Android 专属的软件开发工具包。

2. Android SDK 的安装与环境变量配置

（1）下载 Android SDK，安装包建议官网下载，下载后解压即可用（全英文路径）。

（2）新建一个环境变量，变量名：ANDROID_HOME，变量值：c:\sdk（以你安装目录为准，确认里面有 tools 和 add-ons 等多个文件夹）。

（3）在系统变量 path 中添加：%ANDROID_HOME%\platform-tools 和%ANDROID_HOME%\tools 以及%ANDROID_HOME%\build-tools\29.0.2。

（4）Android SDK 配置完成，接下来验证配置是否成功。

（5）执行命令"运行"→输入 cmd→回车→输入 adb→回车，出现英文命令提示即正确。

3. 常用的 Android 模拟器介绍

（1）原生 Android 模拟器

Android SDK 自带的，由 Google 公司提供。

Android Emulator 是提供虚拟机的一种工具。从硬件（主要指 CPU 架构）到软件（完整 Linux 内核和 ROM）在原理上能完全模拟真实环境。

（2）Genymotion

Genymotion 安卓模拟器其实不是普通的模拟器，严格来说，Genymotion 是虚拟机，也被称为模拟器，Genymotion 虚拟机希望能够带来最好的 Android 模拟体验。Genymotion 安卓模拟器与原生模拟器对比，原生的模拟器启动比较慢，操作起来也不流畅；Genymotion 模拟器完美地解决了上述问题。Genymotion 模拟器的优点主要有：Genymotion 加载 App 的速度比较快，操作起来也很流畅。其次 Genymotion 依赖于 VirtualBox（著名的开源虚拟机软件，轻巧、好用）。就是说 Genymotion 跟 VirtualBox 要一起使用（Genymotion 调用了 VirtualBox 的接口）。最后 Genymotion 可作为 Eclipse、Android Studio 的插件使用，很方便。下面介绍 Genymotion 模拟器的安装步骤。

（1）Genymotion 下载：建议官网下载。

（2）安装下载后的软件（Genymotion 带 Virtual box 版本的软件）。

（3）启动 Genymotion，并使用自己在 Genymotion 官网注册的账号密码登录，下载自己所需要的手机型号模拟器。

（4）关联本地的 SDK，在 Genymotion 主界面，依次单击 settings→adb→Use custom Android SDK tools，在 Android SDK 框中选择本地电脑上 SDK 文件夹路径。

（3）国内常见的模拟器（天天模拟器等）

一般是给游戏爱好者用来在计算机中玩手机游戏的 Android 模拟器。

12.2.2　adb 命令的使用

adb 的全称为 android debug bridge，就是用于调试桥的作用。adb 命令存放在 SDK 的 Tools 文件夹下，作为手机和电脑连接的桥梁命令。

1. 借助这个工具，我们可以管理设备或手机模拟器的状态，还可以进行下面的操作。

（1）快速更新设备或手机模拟器中的代码，如进行 Android 系统升级。

（2）在设备上运行 shell 命令。

（3）管理设备或手机模拟器上的预定端口。

（4）在设备或手机模拟器上复制或粘贴文件。

2. 实际工作中常用的 adb 命令和相应解释如表 12-1 所示。

表 12-1　adb 常见命令

adb命令	命令解释
adb devices	显示当前运行的全部模拟器
adb shell	进入手机的超级终端terminal
adb install xx.apk	安装应用程序
adb install xx.apk -r	覆盖安装应用程序
adb uninstall 包名	卸载apk包
adb -s 模拟器编号 命令	对某一模拟器执行命令
adb push <local> <remote>	向模拟器中写文件（上传）
adb pull <remote> <local>	从模拟器中复制文件到本地（下载）
adb logcat	命令行显示log
adb root	以root权限重启adb

提示

在使用 adb 命令之前，手机要开启 USB debug 模式。

3. 使用 adb shell 命令时出错，如图 12-2 所示。

```
C:\>adb shell
error:

C:\>adb nodaemon server
cannot bind 'tcp:5037'

C:\>netstat -ano | findstr "5037"
  TCP    127.0.0.1:5037        0.0.0.0:0              LISTENING       3008
  TCP    127.0.0.1:5037        127.0.0.1:51935        TIME_WAIT       0

C:\>TASKLIST | findstr "3008"
kadb.exe                       3008 Console              1        6,796 K
```

图 12-2　adb shell 运行出错

（1）问题分析：出现此问题是由于端口占用引起的，需把占用端口的进程关掉。

（2）解决方法：首先输入命令找到端口 adb nodaemon server，其次找到占用端口的进程 netstat -ano | findstr "5037"，然后去任务管理器关掉相应进程即可。

4. 命令行显示日志 Log：adb logcat。

adb logcat [选项] [过滤项]，其中选项和过滤项在中括号[]中，说明这是可选的。下面介绍 adb logcat 相关选项和过滤项。

（1）"-s"选项：设置输出日志的标签，只显示该标签的日志。如想要输出"system.out"标签的信息，就可以使用 adb logcat -s system.out 命令。

（2）"-f"选项：将日志输出到文件，默认输出到标准输出流中，该选项后面跟着输入日志的文件，使用 adb logcat -f /sdcard/log.txt 命令，注意这个 log 文件是输出到手机上的，需要指定合适的路径。

（3）"-c"选项：清空所有的日志缓存信息。

（4）"-v"选项：常用参数如表 12-2 所示的 adb logcat -v 常用参数说明和示例。

表 12-2　adb logcat -v 常用参数说明和示例

常用参数	说明	示例
time	可以查看日志的输出时间。	adb logcat -v time
threadtime	可以查看日志的输出时间和线程信息。	adb logcat -v threadtime
process	格式为"优先级（进程 ID）：日志信息"的日志。	adb logcat -v process
tag	格式为"优先级/标签：日志信息"的日志。	adb logcat -v tag
thread	格式为"优先级（进程 ID：线程 ID）标签：日志内容"的日志。	adb logcat -v thread
raw	只输出日志信息，不附加任何其他信息。	adb logcat -v raw
long	日志输出格式为"[日期时间 进程 ID：线程 ID 优先级/标签] 日志信息"的日志。	adb logcat -v long

（5）过滤项解析如下。

过滤项格式：<tag>[:priority]，默认的日志过滤项是"*:I"。下面介绍具体日志等级：

①V：Verbose（明细）。

②D：Debug（调试）。

③I：Info（信息）。

④W：Warn（警告）。

⑤E：Error（错误）。

⑥F：Fatal（严重错误）。

⑦S：Silent(Super all output)（最高的优先级，可能不会记载东西）。

举例：

①显示 Error 以上级别的日志：adb logcat *:E。

②可以同时设置多个过滤器，如：adb logcat -s。

③输出 Wifi HW 标签的 Debug 以上级别的日志和 dalvikvm 标签的 Info 以上级别的日志，如：WifiHW:D，dalvikvm:I，*:S。

（6）logcat 还支持过滤固定字符串、使用正则表达式匹配，举例如下：

①adb logcat | grep -i wifi　#过滤字符串忽略大小写。

②adb logcat | grep "^..Activity"　#tag 是一行开头的第三个字符开始。

（7）复杂的 adb 命令：

①命令查看当前运行的包名和 Activity，使用它前先要打开待测 App。

adb shell dumpsys window | findstr mCurrentFocus。

②查看 App 相关所有信息，包括 action、codepath、version 需要的权限等信息。

adb shell dumpsys package <package_name>。

其中 package_name 可以通过上面的命令获取，也可以使用：aapt dump badging APK 路径 反编译方式获取。

③查看 App 的路径。

adb shell pm path <package_name>。

④启动 activity。

adb shell am start -n <package_name>/.<activity_class_name>。

⑤删除与包相关的所有数据，清除数据和缓存。

adb shell pm clear <package_name>。

⑥查看某个 App 进程的相关信息。

adb shell ps -ef| grep <package_name>。

⑦关掉某个进程，一般用于模拟某个 bug 复现。

adb shell kill pidNumber。

⑧查看某一个 App 的内存占用。

adb shell dumpsys meminfo <package_name|PID>。

⑨利用 adb 命令按住按键。

adb shell input keyevent KEYCODE_POWER。

其中 KEYCODE_POWER 为键值。

12.3 随机自动化测试 monkey 的使用

12.3.1 monkey 简介

1. monkey 概念

monkey 是 Android 中的一个命令行工具,可以运行在模拟器里或实际设备中。它向系统发送伪随机的用户事件流(如按键输入、触摸屏输入、手势输入等),实现对正在开发的应用程序进行压力测试。monkey 测试是一种为了测试软件的稳定性、健壮性的快速有效的方法。

该工具用于进行压力测试。然后开发人员结合 monkey 打印的日志和系统打印的日志,分析测试中的问题。

2. monkey 测试的特点

monkey 测试,所有的事件都是随机产生的,不带任何人的主观性。

(1)测试的对象仅为应用程序包,有一定的局限性。

(2)monkey 测试使用的事件数据流是随机的,不能进行自定义。

(3)可对 monkey 测试的对象、事件数量、类型、频率等进行设置。

3. monkey 存放路径

monkey 程序是 Android 系统自带的,由 Java 语言写成,在 Android 文件系统中的存放路径是:/system/framework/monkey.jar。

4. monkey 大致操作流程

通过名为"monkey"的 shell 脚本去启动 monkey.jar 程序(shell 脚本在 Android 文件系统中的存放路径是:/system/bin/monkey),在你指定的 App 应用上模拟用户单击、滑动、输入等操作,以极快的速度来对设备程序进行压力测试,检测程序是否会发生异常,然后通过日志进行排错。

5. monkey 测试目的

测试 App 是否会崩溃(crash)。

6. monkey 操作命令格式

adb shell monkey {+命令参数}。

12.3.2 monkey 测试基本操作介绍

1. monkey 命令常用参数的说明和示例如表 12-3 所示。

表 12-3　monkey 常用参数的说明和示例

常用参数	说明	示例
-p	用于约束限制,用此参数指定一个或多个包(Package,即App)。指定包之后,monkey将只允许系统启动指定的App。如果不指定包,monkey将允许系统启动设备中的所有App。	* 指定一个包: adb shell monkey -p com.htc.Weather 100。 说明:com.htc.Weather为包名,100是事件计数(即让monkey程序模拟100次随机用户事件)。 * 指定多个包: adb shell monkey -p com.htc.Weather -p com.htc.pdfreader -p com.htc.photo.widgets 100。 * 不指定包:adb shell monkey 100。
-v	用于指定反馈信息级别(信息级别就是日志的详细程度),总共分3个级别。	*提供默认日志,仅提供启动提示、测试完成和最终结果等少量信息:adb shell monkey -p com.htc.Weather -v 100。 *提供较为详细的日志,包括每个发送到Activity的事件信息:adb shell monkey -p com.htc.Weather -v -v 100。 *提供最详细的日志,包括了测试中选中/未选中的Activity信息:adb shell monkey -p com.htc.Weather -v -v -v 100。
--throttle	用于指定用户操作(即事件)间的时延,单位是毫秒。	*用户操作间的时延为3000毫秒:adb shell monkey -p com.htc.Weather --throttle 3000 100。
-s	用于指定伪随机数生成器的seed值,如果seed相同,则两次monkey测试所产生的事件序列也是相同的	*第一次伪随机seed值:adb shell monkey -p com.htc.Weather -s 10 100。 *第二次伪随机seed值:adb shell monkey -p com.htc.Weather -s 10 100。
--ignore-crashes	用于指定当应用程序崩溃时(Force & Close错误),monkey是否停止运行。如果使用此参数,即使应用程序崩溃,monkey依然会发送事件,直到事件计数完成	*测试过程中即使Weather程序崩溃,monkey依然会继续发送事件直到事件数目达到1000为止:adb shell monkey -p com.htc.Weather --ignore-crashes 1000。
--ignore-timeouts	用于指定当应用程序发生ANR(Application No Responding)错误时,monkey是否停止运行。如果使用此参数,即使应用程序发生ANR错误,monkey依然会发送事件,直到事件计数完成	*测试过程中发生ANR程序无响应错误时,monkey依然会继续发送事件,直到事件数目达到1000为止:adb shell monkey -p com.htc.Weather --ignore-timeouts 1000。
--ignore-security-exceptions	用于指定当应用程序发生许可错误时(如证书许可,网络许可等),monkey是否停止运行。如果使用此参数,即使应用程序发生许可错误,monkey依然会发送事件,直到事件计数完成	*测试过程中发生许可错误时,monkey依然会继续发送事件,直到事件数目达到1000为止:adb shell monkey -p com.htc.Weather --ignore-security-exceptions 1000。
--pct-事件类别	11个事件百分比控制(有的是9种事件,没有 --pct-pinchzoom,--pct-rotation事件)由Android SDK决定	*触摸事件泛指发生在某一位置的一个down-up事件: --pct-touch {+百分比}0。 *动作事件泛指从某一位置按下(即down事件)后经过一系列伪随机事件后弹出(即up事件): --pct-motion {+百分比}1。 *二指缩放事件用于智能机上的放大缩小手势操作事件: --pct-pinchzoom {+百分比}2。 *轨迹事件包括一系列的随机移动,以及偶尔跟随在移动后面的单击事件:

常用参数	说明	示例
		--pct-trackball 〔+百分比〕3。 *屏幕旋转（横屏竖屏）事件： --pct-rotation 〔+百分比〕4。 *基本导航，基本导航事件主要来自方向输入设备的上、下、左、右事件： --pct-nav 〔+百分比〕5。 *主要导航事件通常指引发图形界面的一些动作，如键盘中间按键、返回按键、菜单按键等： --pct-majornav 〔+百分比〕6。 *系统按键事件通常指仅供系统使用的保留按键，如Home键、Backspace键、拨号键、挂断键、音量键等： --pct-syskeys 〔+百分比〕7。 *应用启动事件（activity launches）： --pct-appswitch 〔+百分比〕8。 *通过调用startActivity()方法可最大限度地开启该package下的所有应用翻转，键盘轻弹百分比，如单击输入框，键盘弹起，单击输入框以外区域，键盘收回： --pct-flip 〔+百分比〕9。 *其他类型事件指上文中未涉及的所有其他事件，如keypress、不常用的button等： --pct-anyevent 〔+百分比〕10。

2. monkey 命令实战。

adb shell monkey -p com.htc.Weather -s 3 --throttle 1000 --pct-anyevent 50 --pct-syskeys 50 --ignore-crashes --ignore-timeouts --ignore-security-exceptions 1000。

提示

--pct 指定的事件加起来不能超过 100%。

3. monkey 测试中终止运行的方式如下。

（1）终止 monkey 测试的第一种方式，使用 DOS 命令。

①新打开一个 DOS 命令窗口。

②执行 adb shell。

③执行 ps | grep monkey。

④返回来的第一个数字，即是 monkey 的进程号然后关掉 pid 进程号。

（2）终止 monkey 测试的第二种方式，重启手机。

12.3.3　monkey 测试日志分析

用 monkey 做测试，为了方便分析问题，需要把 monkey 运行过程中产生的日志结果进行分析，查找 bug。

（1）日志结果保存在电脑上。

```
adb shell monkey -p 包名 -v 1000 > 路径/monkey.txt。
```

（2）日志结果保存在手机上。

前提条件：手机要获取超级用户权限（root）或把结果文件放在有权限存取的路径。

① 运行 adb shell。

② monkey -p 包名-v 1000 1>手机路径/info.txt 2>手机路径/error.txt。

> **提示**
>
> ① 结果中可以通过|logcat -v time 添加时间。
>
> monkey -p 包名-v 1000 |logcat -v time 1>手机路径/info.txt 2>手机路径/error.txt
>
> ② 如手机提示 read-only file system，可使用如下命令重新挂载。
>
> mount 可以查看当前挂载情况。
>
> mount -o remount -o rw /system 重新挂载需要修改权限的目录。

（3）如果测试 monkey 出现崩溃或者程序强制性退出或不响应现象时，需要在抓取 log 的同时提供 traces.txt，步骤如下：

①测试版本是否具备 root 权限。

②进入 data/anr 目录下面。

③将 traces.txt 文件复制到 TF 卡中，然后复制出来发给软件分析即可。

④用命令 adb pull /data/anr/traces.txt c:\把文件复制到电脑。

> **提示**
>
> ①保留在手机中的测试日志（info.txt、error.txt）也可以通过上述第 4 步保存到电脑。
>
> ②用命令 adb shell cat /data/anr/traces.txt> d:\traces.txt 把文件复制到电脑。

（4）在日志中使用搜索进行快速分析。

①遇到程序无响应的问题：在日志中搜索"ANR"。

②遇到崩溃问题：在日志中搜索 "Exception"。

> **提示**
>
> ①monkey 执行时未加--ignore-crashes --ignore-timeouts 参数，就先浏览日志中的 Events injected（注入事件）值，查看当前已执行的次数，就知道有无 bug。
>
> ②找出问题后执行下列操作：
>
> 【步骤一】定位 monkey 中出错位置。
>
> 【步骤二】查看 monkey 里面出错前的一些事件动作，并手动执行该动作。

【步骤三】若以上步骤还不能找出，可以使用之前执行的 monkey 命令再执行一遍，注意 seed 值要一样。

12.4　性能测试工具 GT 的使用

12.4.1　GT 工具简介

GT（随身调）是 App 的随身调测平台，它是直接运行在手机上的"集成调测环境"（Integrated Debug Environment）。利用 GT，即可对 App 进行快速的性能测试（CPU、内存、流量、电量、帧率/流畅度等），此外 GT 还提供如下功能。

①开发日志的查看。

②crash 日志的查看。

③网络数据包的抓取。

④App 内部参数的调试。

⑤真机代码耗时统计等。

12.4.2　GT 测试基本操作介绍

（1）进入工具 AUT 页面，如图 12-3 所示，此时未指定被测应用，未勾选性能指标。

（2）选择被测应用，勾选相关性能指标，如图 12-4 所示，单击启动则启动被测应用。

图 12-3　默认 AUT 界面　　　　　　　图 12-4　选择被测应用和相关指标

（3）单击下方参数，进入参数设置页面，如图 12-5 所示。

（4）设置参数，单击右上角的"编辑"按钮，然后选中想测试的参数将其拖拽到已关注区域，如图 12-6 所示。

图 12-5 参数设置

图 12-6 关注参数

（5）单击"完成"按钮，勾选已关注的参数，单击右上角的红点即可开始监控（如图 12-7 所示），勾选了 CPU 和 MEM，并开始数据采集。

（6）单击删除按钮会删除所选参数记录的数据，如图 12-8 所示，清除之前的数据，并从当前时间开始记录数据。

图 12-7 开始监控

图 12-8 清理数据

（7）单击"保存"按钮会把记录数据保存到手机本地 GT/GW/<AUT 名>/GW_DATA 目录下（如图 12-9 所示），后期使用 USB 连接电脑借助 PC 端的应用宝便可将数据一键导出到电脑上，用来分析数据。

（8）单击某个参数可查看详情，图 12-10 所示为查看 CPU 详情，可左右滑动，查看具体值，横坐标代表序号和时间，纵坐标代表相关值。

图 12-9　保存数据

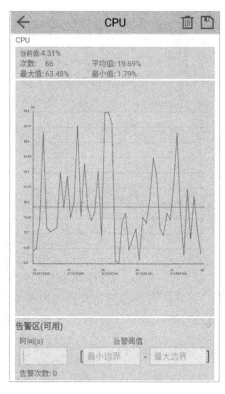

图 12-10　查看 CPU 详情

9. 查看日志：抓取产品在运行过程中的日志，方便监控 Crash Log 日志信息。一条日志由三段组成，第一段是时间；第二段是日志级别（V、D、I、W、E）Tag、线程号；第三段是日志消息，如图 12-11 所示。

图 12-11　查看日志

12.4.3　GT 插件的使用

GT 自带多款插件，这扩展了性能测试指标范围，本节以耗电测试为例，介绍该插件的使用方法。

（1）单击右下角插件，进入插件界面，如图 12-12 所示，该界面展示了 GT 自带的多款插件。

（2）设置采样间隔，单位为毫秒，一般范围为 100～1000ms，如图 12-13 所示，默认采样间隔为 250ms。

（3）勾选耗电量相关指标，包括电流、电压、电量、温度，如图 12-14 所示。

（4）单击"开始"按钮即可开始耗电测试，返回参数处，可以查看到已关注的参数多了四个选项，如图 12-15 所示。

图 12-12　插件详情

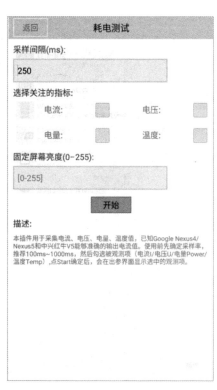

图 12-13　设置采样间隔

图 12-14　勾选耗电量相关指标

图 12-15　耗电测试监控

本章小结

随着移动互联网的迅猛发展，移动 App 得到广泛应用，App 又大多采用迭代开发的模式，因而版本更新速度快，留给测试人员的时间有限，使我们难以在短时间内对 App 进行全面测试。本章对移动 App 业务功能测试进行分类和整理，列出了 8 个业务功能测试点，重点介绍用 adb 工具对测试点进行相关测试。本章还从随机自动化的角度出发，详细讲解 monkey 命令及实际测试的分析和使用，以及 GT 工具的基本操作和对相关性能指标的监控。

课后习题

1. App 测试和 Web 测试有什么区别？
2. Android 测试和 iOS 测试有什么区别？
3. App 手机业务功能测试分哪几类？
4. App 专项测试需要重点关注哪些方面？
5. 如何抓取 App 的日志（Log）？
6. App 抓取的日志一般会出现哪些异常（Exception）？

附录 A：面试题集

1. 请谈谈您对测试工作的理解？

我认为测试工作就是找出软件产品的错误。

2. 你认为测试人员需要具备哪些素质？

我认为做测试的应该要有一定的协调能力，因为测试人员要经常与开发人员接触，并处理一些问题，如果处理不好就会引起一些冲突。还有测试人员要有一定的耐心，有的时候做的测试是很枯燥乏味的。除要有耐心之外还要细心，不放过每一个可能的错误。

3. 如何提高个人的软件测试技术？

a. 熟悉工作中使用的技能；
b. 在工作过程中总结公司需要哪些新的测试技能，利用业余时间学习，并应用到工作中；
c. 当掌握一项技术并在公司中应用后，编写一些使用技能的心得，并和同事分享。

4. 你觉得测试最重要的是什么？

尽可能找出软件的错误，提高用户对软件的满意度。

5. 没有任何说明书，如何进行测试？

首先是通过对软件测试来熟悉整个软件，接着是与开发人员沟通从而掌握软件的特性，并一一记录下来，作为测试的依据。

6. 如何测试浏览器的兼容性？

基于 B/S 架构的系统，根据不同的内核版本，选取谷歌、火狐、IE 浏览器进行测试，对市面上的主流浏览器（如 360）也进行测试。验证其基本功能有没有问题。

7. 什么需要用到团队测试？

因为软件有错误，如果没有专业的测试人员很难发现软件的一些错误。虽然开发人员也能去找自己的一些代码错误，但一般由于自身的思维限制，不会考虑全面。

8. 假设页面中有一个输入日期的输入框和一个输入身份证号的输入框，请问如何进行用例设计？

输入日期的输入框的设计要考虑边界值、输入非法数据、非数字等；身份证号输入框的设计要考虑 18 位身份证、16 位身份证、非 18 和 16 位的数据、汉字、字母、非法数据。

9. 我手上有一支笔，请你站在测试人员的角度，针对这支笔如何进行测试？

回答思路：主要是从功能、界面、兼容、安全、性能、易用性等角度来进行回答。

首先我要根据产品说明书，评测它的外观、颜色是否符合要求、它所占的空间有多大，是否环保；接下来测它的质量，这支笔是否能够写字流畅，写出的颜色是否符合要求，能使用多长时间等。

10. 软件测试分为哪几个阶段？具体执行人员有哪些？

分为单元测试（开发人员或白盒测试人员）、集成测试（开发人员或白盒测试人员、接口测试人员）系统测试（测试人员）、验收测试（客户、测试人员），在测试过程中如果有需要还要进行回归测试。

11. 执行测试有哪些准备工作？

搭建测试环境、编写测试用例，在执行测试前一天，开会确认所有工作是否到位。

12. 测试过程中会遇到哪些问题？

（1）人手不够，需求不稳定、变更频繁。
（2）对开发代码的架构不熟悉，有时候无法对问题进行准确的定位。
（3）对性能测试工具掌握不全面。
（4）项目周期短，开发提交项目延迟。

13. 测试计划包括哪些内容？

测试计划主要包括：测试目的、测试范围、测试资源配置、人员工作分配、测试阶段时间分配、标准化制定、测试通过标准、风险分析以及附录等内容。

14. 什么是回归测试 ？

对上一次测试版本发现的 bug 进行再次确认的过程。公司回归测试包含上述所说的之外，还有对新功能进行测试（测试版本补丁升级之后，再验证新功能）。

主要目的是确认修改的程序或修改 bug 后没有引起新的错误或者导致其他代码产生错误。

15. 测试环境如何搭建？

一般根据开发人员给的部署文档搭建，部署文档的操作步骤如下：
（1）安装依赖软件 Java（JDK、tomcat、redis、MySQL）等。

（2）导入基础数据（建表，导入初始化的数据）。

（3）获取代码（编译、打包）、war 包。

（4）部署到 tomcat 的 webapps 目录下。

（5）修改配置文件。

（6）启动服务。

16. 什么是 bug？bug 由哪些字段（要素）组成？

（1）将在电脑系统或程序中，隐藏着的一些未被发现的缺陷或问题统称为 bug。

（2）bug 由标题、前置条件、严重程度、优先级、操作步骤、预期结果、实际结果、截图或日志等组成。

17. bug 的严重程度有几级，是如何划分的？

（1）bug 分为 4 级（致命级、严重级、一般级、轻微级）。

（2）致命（urgent）：通常表现为主流程无法跑通，系统无法运行，崩溃或严重资源不足，应用模块无法启动或异常退出，主要功能模块无法使用。

严重（high）：通常表现为影响系统功能或操作，主要功能存在严重缺陷，但不会影响到系统稳定性。

一般（medium）：通常表现为界面、性能缺陷，比如：①边界条件下错误；②大数据下容易无响应；③大数据操作时，没有提供进度条。

轻微（low）：通常表现为易用性及建议性问题。

18. 日常编写 bug 有哪些好的建议？

（1）包含重现 bug 的必要步骤。

（2）如果有一些特殊的前置条件要进行说明。

（3）提供出现 bug 的页面的相关截图和后台日志信息。

（4）bug（说明文）提交时不带有任何诋毁开发人员或批评开发人员的词语。

（5）提交 bug 时一定不要附带对 bug 有疑问的语句。

（6）及时提交 bug，不要累积。

（7）遇到小 bug 也要提交。

19. 如果你提交了一个 bug，但是开发人员不认同，针对这种有争议的 bug 你会如何处理？

（1）再次根据测试用例和需求文档确认是否是 bug。

（2）再把相应的需求提交开发人员（开发人员会说是需求人员临时通知的）。

（3）跟相应的需求人员确认，如果确认开发人员所说无误，再把问题填写清楚并置为关闭状态（确认需求人员没有告知测试部门）。

（4）事后在晨会或者工作时间把问题向测试负责人汇报。

20. 随机 bug 如何处理？

随机 bug 是指偶尔出现或者在测试过程中只出现过一次的现象。

（1）随机 bug 要提交到测试管理工具（发现 bug 的第一时间就要保存截图和相关日志，作为证据或者开发人员解决 bug 的思维方向）。

（2）回想出现该 bug 时的操作步骤，尽量能重现出来。

（3）让开发人员帮忙分析，开启出现 bug 相关模块的日志记录。

（4）当重新出现该随机 bug 的时请开发人员到测试机前面进行分析（保留现场）。

21. 测试用例之外的 bug 如何处理？

（1）提交 bug。

（2）维护用例，把出现 bug 的操作步骤编写成测试用例。

22. 遇到阻碍测试的问题如何处理？

通知开发立即解决并更新最新的补丁包。在开发人员修复的时候看是否还有其他的测试工作，如有先完成其他的工作。完善的冒烟测试执行一般不会出现这种情况。

23. 项目中编写测试用例的价值在哪里？

（1）设计测试用例时要考虑全面，不能只考虑正向的验证。

（2）设计测试用例要根据测试的时长来确定测试用例的粒度（粗细程度）。

（3）设计测试用例时要包含明显确定的测试验证，不能只简单做表面的验证。比如注册，输入用户信息后提示注册成功（不能只对提示信息做验证，还要针对该用户是否保存在数据库，或者以登录的方式去验证）。

（4）设计测试用例要进行评审，这样才能提高测试的质量。

（5）随着版本的更新，测试用例要同步维护下去。如果不维护，那之前所写的内容就没有用了。

（6）在测试用例设计的时候，尽量使用实际的测试数据，因为它能表达出测试人员的测试思维。

24. 测试用例评审内容有哪些？

（1）用例设计的结构安排是否清晰、合理，是否能高效地对需求进行覆盖。

（2）优先级安排是否合理。

（3）是否覆盖测试需求上的所有功能点。

（4）用例是否具有很好的可执行性。例如用例的前提条件、执行步骤、输入数据和期待结果是否清晰、正确；期待结果是否有明显的验证方法。

（5）是否已经删除了冗余的用例。

（6）是否包含充分的负面测试用例。

（7）是否从用户层面来设计用户使用场景和使用流程的测试用例。

（8）是否简洁、复用性强。例如，可将重复度高的步骤或过程抽取出来定义为一些可复用的标准步骤。

25. 测试用例编写的流程是怎样的？

确定项目组使用的测试用例模版→使用测试用例设计方法来对自己所负责的需求功能点进行编写→评审→归档到测试组长或根据流程上传到测试用例管理系统上进行管理。

26. 测试用例常见的设计方法有哪些？

等价类划分法、边界值法、错误推测法、判定表法（因果图法）和正交实验法。

27. 测试用例的优先级有什么用处？

优先级越高表示该测试用例对于系统业务越重要，在测试时间紧张的情况下，可以先执行优先级高的用例。

28. 测试时间因为外部因素被压缩时该怎么办？

（1）先执行优先级高的测试用例。
（2）通过加班来完成工作。
（3）衡量公司是否有闲置人员，请他协助一并来执行测试。
（4）该阶段不适合新招测试人员。

29. 测试完成的标准是什么？

（1）用例的覆盖率和执行率都达到100%（未执行的测试用例要阐述原因）。
（2）缺陷都处于关闭状态（未关闭的状态都有原因说明时并不影响本次上线）。
（3）根据测试计划，测试的结束时间到了。

30. 测试总结报告包含哪些内容？

测试执行情况、测试过程中用到的资源（硬软件、时间、人力）、测试统计（用例覆盖率、用例执行率、缺陷根据要素的统计）、遗留缺陷处理、测试结论。

31. 项目上线测试人员要协助做哪些工作？

（1）配合产品部门/客户做相应的验收测试。
（2）指导运维部门做生产环境的升级。
（3）对客户进行相关的系统操作培训。
（4）编写一些有关业务场景问题的解决处理方案、操作使用手册。

32. 数据库对于测试人员有什么用途？

（1）进行数据一致性测试（结合前台的业务操作去验证数据库有无数据的更新）。
（2）在测试环境搭建时对数据库进行备份和还原操作、执行 SQL 脚本文件。

（3）制造数据（制造特殊的业务数据或者性能测试数据）。

（4）真正的数据库测试人员是做数据库测试的：根据数据库设计文档去进行测试［表结构、测试数据库对象（视图、存储过程、索引等）］。

33. 数据库测试的内容都包含什么？

对比 DBA 的数据库设计文档，文档里面包含（表、字段、视图、存储过程、索引等），依次对比数据库中所有的表是否存在、表名是否正确、表中的字段名称是否一致、字段类型是否一致、有没有缺失字段，对比视图是否名字一致，功能是否符合预期等。

34. 你为什么能够做测试这一行？

虽然说我的测试技术还不是很纯熟，但是我觉得自己还是能胜任软件测试这个工作的，因为做软件测试不仅是要求技术好，还要有一定的沟通能力，还需要有耐心、细心等外在的因素。综合起来看我是胜任这个工作的。

35. C/S 软件版本升级时如何进行测试？

针对 C/S 架构的系统，要对升级的提示信息进行测试，要区分是强制必须升级还是可选升级。如果是强制升级，就测试新模块的功能；如果是可选升级，就升级前后的系统都要进行测试。

36. C/S 和 B/S 结构的软件进行测试时有何不同？

B/S 架构测试的时候需要关注：链接测试、兼容性测试、表单测试等。

C/S 架构测试的时候需要关注：客户端安装测试、客户端升级测试、客户端与服务器链接测试、客户端兼容性测试等。

37. 你应用过禅道哪些功能？

（1）把 bug 提交给开发并跟踪 bug，在过程中修改 bug 状态。

（2）使用过禅道的 bug 统计功能。

（3）在禅道上对测试用例进行过维护。

38. 项目上线标准是什么？

上线前先制定好上线标准：①测试用例的覆盖率达到 100%。②如有测试用例没有执行，则一定要写明原因，分析它影响其他功能的几率。③严重的 bug 数和一些普通的功能缺陷为 0。④如果是轻微的界面问题，开发人员没时间修改，请写明原因，留待下一版本上线后再测试。

39. 软件工程中 V 字模型的流程？

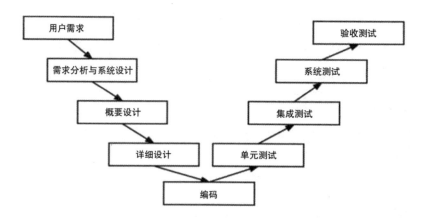

40. 防火墙的作用是什么？

防火墙是系统的第一道防线，其作用是防止非法用户的进入。防火墙是位于内部网和外部网之间的屏障，它按照系统管理员预先定义好的规则来控制数据包的进出。

如遇到机器 ping 不通的情况下，可关闭 Windows 防火墙。

41. 你之前在公司使用 Linux 命令做什么？

我们公司之前的测试系统搭建在 Linux 上，使用 Linux 搭建和升级测试环境、查看后台日志等。

42. Linux 下安装软件有哪些方式？

常用的有 4 种方式：绿色安装（解压即可使用）、yum 安装（联网安装）、rpm 包安装（类似 exe 文件安装）、源码编译安装（gcc、perl 等）

43. 如何开展 App 升级测试？

App 升级测试分为强制升级和可选升级：

强制升级：不升级不能用。

可选升级：不升级也可以使用，升级是对当前的优化。

强制升级测试点：观察升级的提示信息，确定是否是不升级不能用，对升级的新功能进行测试，升级策略（静默升级）根据实际情况用场景法去测试。

可选升级测试点：观察升级的提示信息，对升级的新功能进行测试，升级之后对于近来发布的 5 个历史版本要进行基本功能的测试。

44. adb 命令是做什么用的？

adb 的全称为 android debug bridge，就是调试桥的意思。adb 命令存放在 SDK 的 tools 文件夹下，又称为将手机和电脑连接起来的桥梁命令。

45. monkey 命令做什么用的？

Monkey 是 Android 中的一个命令行工具，可以运行在模拟器里或实际设备中。它向系统发送伪随机的用户事件流（如按键输入、触摸屏输入、手势输入等），实现对正在开发的应用程序进行客户端的压力测试。

46. Selenium 的用处是什么？

Selenium 框架底层使用 Java 模拟真实用户对浏览器进行操作。测试脚本执行时，浏览器自动按照脚本代码做出单击、输入、打开、验证等操作，就像真实用户所做的一样，从终端用户的角度去测试应用程序。

47. Selenium 有什么缺陷？

Selenium 不支持桌面软件自动化测试。软件测试报告和用例管理只能依赖第三方插件，例如 Junit/TestNG 和 unittest。由于它是免费的软件，所以没有供应商去提供支持和服务，有问题就只能求助 Selenium 社区。还有一个就是，Selenium 入门门槛可能有点高，需要具备一定的编程语言基础。

48. 在 Selenium 中常用的定位方法有哪些？

常用的方法有 id、class_name、name、xpath、css_selector、js 等。

49. 你一天能完成多少自动化测试用例？

这个要看具体情况，取决于手工测试用例的实现难易程度。通常，熟练的话，写一个 5 到 8 个步骤的测试用例，差不多要半小时。时间一般花在元素定位和报错 debug 上面，例如在 POM 思想的框架中，某一些元素定位和方法是复用的，可能会更快一些。所以，一天时间大概能完成 15~30 个自动化测试用例。

50、什么是 POM？

POM 是 Page Object Model 的简称，它是一种设计思想，而不是框架。大概的意思是，把一个一个的页面，当做一个对象，页面的元素和元素之间操作方法就是页面对象的属性和行为，所以自然而然地就用了类的思想来组织我们的页面了。一般一个页面写一个类文件，这个类文件包含该页面的元素定位和业务操作方法。

51. 如何实现一个元素的拖拽？

在 Selenium 中通过元素定位会自动帮你拖拽到对应位置,所以是没有自带的 scoll 方法。但是这个是有限制的，例如当前页面太大，默认是页上半部分，你定位的元素在页尾，这个时候可能就会报出元素不可见的异常。我们就需要利用 JavaScript 来实现拖拽页面滚动条。

52. 你常用的页面操作有哪些？

通过定位元素，进行页面操作，如单击、输入 send_key 等。

53. 你一般是如何处理原生弹框的?

对于元素弹框我们没有办法直接在上面操作,所以需要先用 Alert alert = driver.switchTo().alert() 语句切换至弹框,然后使用单击确定 alert.accept(),单击取消 alert.dismiss(),对弹框输入 alert.sendkeys(),获取弹框文本 alert.getText()。

54. 负载测试和压力测试有什么区别?

负载测试是一种为了测试软件系统是否达到需求文档设计目标的测试,譬如软件在一定时期内,最大支持多少并发用户数,软件请求出错率等,测试的主要是软件系统的性能。

压力测试主要是为了测试硬件系统是否达到需求文档设计性能目标的测试,譬如在一定时期内,系统的 CPU 利用率、内存使用率、磁盘 I/O 吞吐率、网络吞吐量等,压力测试和负载测试最大的差别在于测试目的不同。

55. 常用的性能指标是什么?

是响应时间、并发用户数、吞吐量、性能计数器、TPS、HPS。

响应时间:指的是"系统响应时间",定义为应用系统从发出请求开始到客户端接收到响应所消耗的时间。把它作为用户视角的软件性能的主要体现。

并发用户数:有两种理解方式,一种是从业务的角度来模拟真实的用户访问,体现的是业务并发用户数,指在同一时间段内访问系统的用户数量。另一种是从服务器端承受的压力来考量的,这里的"并发用户数"指的是同时向服务器端发出请求的客户数,该概念一般结合并发测试(Concurrency Testing)使用,体现的是服务端承受的最大并发访问数。

吞吐量:是指"单位时间内系统处理的客户请求的数量",直接体现软件系统的性能承载能力。

性能计数器(Counter)是描述服务器或操作系统性能的一些数据指标。例如,对 Windows 系统来说,使用内存数(Memory In Usage),进程时间(Total Process Time)等都是常见的计数器。

思考时间(Think Time),也被称为"休眠时间",从业务的角度来说,这个时间指的是用户在进行操作时,每个请求之间的间隔时间。从自动化测试实现的角度来说,要真实地模拟用户操作,就必须在测试脚本中让各个操作之间等待一段时间,体现在脚本中,就是在操作之间放置一个 Think 的函数,使得脚本在执行两个操作之间等待一段时间。

TPS:Transaction Per Second,每秒系统能够处理的交易或者事务的数量。它是衡量系统处理能力的重要指标。

点击率:HPS,每秒用户向 Web 服务器提交的 HTTP 请求数。

56. 性能测试的目的是什么?

性能测试工作的目的是检查系统是否满足在需求说明书中规定的性能,性能测试常常需要和强度测试结合起来,并常常要求同时进行软件和硬件的检测。

57. JMeter 中的事务是指什么?

JMeter 能够做到把每个请求统计成一个事务，但事务一般是用户宏观上的概念，所以系统把多个请求统计成一个事务，在 JMeter 中可以通过逻辑控制器下的事务控制器来完成此要求。

58. 使用 JMeter 做性能测试时，你是通过什么方式判断性能好坏的?

在 JMeter 中提供了聚合报告，聚合报告中包含请求数、响应时间、吞吐量、异常率等信息，通过该报告分析性能是否符合标准。

59. 什么是并发测试?

就是测试多用户同时访问同一个应用、模块、数据时，是否会发生错误。

60. 一般什么时候开始性能测试?

当业务功能测试通过时，才可以开始性能测试。这个时候可以排除由于业务上的 bug 而导致性能脚本执行失败。